定期テスト **ズバリよくでる** 数学 1年

JN125659

もくじ

取り外してお使いください 赤シート＋直前チェックBOOK,別冊解答

※全国の定期テストの標準的な出題範囲を示しています。学校の学習進度とあわない場合は、「あなたの学校の出題範囲」欄に出題範囲を書きこんでお使いください。

Step 1 基本チェック

1節 数の見方
2節 正の数，負の数

15分

教科書のたしかめ　[　]に入るものを答えよう！

1節 数の見方　▶教 p.14-17　Step 2 ❶-❷

□(1)　60を素因数分解すると，60＝[$2^2 \times 3 \times 5$]

2節 正の数，負の数　▶教 p.18-25　Step 2 ❸-❿

□(2)　0℃より4℃高い温度，0℃より5℃低い温度をそれぞれ ＋，
　　　 － を使って表すと，[＋4℃]，[－5℃]

□(3)　1000円の収入を ＋1000円と表すと，1000円の支出は，
　　　 [－1000円]と表される。

□(4)　－8年後を，－ を使わないで表すと[8年前]と表される。

□(5)　0より3大きい数，0より4小さい数をそれぞれ正の符号，負の
　　　 符号を使って表すと[＋3]，[－4]

□(6)　次の数直線上の点 A，B，C が表す数はそれぞれ，A[－3]，
　　　 B[＋0.5 $\left(+\dfrac{1}{2} \right)$]，
　　　 C[＋2]である。

□(7)　＋5，－9の絶対値は，それぞれ[5]，[9]である。

□(8)　絶対値が1.5である数は[－1.5]，[＋1.5]である。

□(9)　－4，－7の大小を不等号を使って表すと，－4[＞]－7

□(10)　＋9，－2，0の大小を不等号を使って表すと，－2[＜]0[＜]＋9

解答欄

(1)

(2)

(3)

(4)

(5)

(6)

(7)

(8)

(9)

(10)

教科書のまとめ　____ に入るものを答えよう！

□ 2，3，5など，1とその数自身の積の形でしか表せない自然数を 素数 という。
　 ただし，1は素数にはふくめない。

□ 自然数をいくつかの自然数の積の形に表すとき，その1つ1つの自然数の中で素数であるも
　 のを，もとの自然数の 素因数 という。自然数を素因数だけの積の形に表すことを，その自然
　 数を 素因数分解する という。

□ 同じ数をいくつかかけ合わせたものを，その数の 累乗 といい，また 3^2 の 2 の部分を累乗の
　 指数 という。

□ 0より大きい数を 正の数 ，0より小さい数を 負の数 という。

□ ある数を表す点を数直線上にとったとき，原点からその点までの距離を，その数の 絶対値 という。

□ 数の大小…負の数 ＜0＜ 正の数
　　　　　　 正の数 は，その絶対値が大きい数ほど大きい。
　　　　　　 負の数 は，その絶対値が大きい数ほど小さい。

ズバリよくでる→直前

チェック BOOK

- テストに**ズバリよくでる！**
- **用語・公式や例題**を掲載！

数学

大日本図書版

1年

赤シートで何度でも！

1 素因数分解

□ 1とその数自身の積の形でしか表せない数を 素数 といいます。

ただし，1は素数にふくめません。

□自然数を素因数だけの積の形に表すことを，その自然数を

素因数分解する といいます。

|例| 20を素因数分解すると，$20 = 2 \times 2 \times 5 = \boxed{2^2} \times 5$

2 正の数と負の数

□0より大きい数を 正の数 ，0より小さい数を 負の数 といいます。

□＋を 正 の符号，－を 負 の符号といいます。

|例| 0より4小さい数は $\boxed{-4}$ ，0より3大きい数は $\boxed{+3}$

□ 　　　　　　　　 整数

$$\underbrace{\cdots\cdots,\ -3,\ -2,\ -1,}_{\boxed{負}\ の整数}\ 0,\ \underbrace{+1,\ +2,\ +3,\ \cdots\cdots}_{正の整数(\boxed{自然数})}$$

3 絶対値

□ある数を表す点を数直線上にとったとき，原点からその点までの距離を，その数の 絶対値 といいます。

|例| 5の絶対値は $\boxed{5}$ ，−3の絶対値は $\boxed{3}$ ，0の絶対値は $\boxed{0}$

4 重要 数の大小

□正の数は0より 大きく ，負の数は0より 小さい 。

正の数は負の数より 大きい 。

□正の数は，その絶対値が大きい数ほど 大きい 。

□負の数は，その絶対値が大きい数ほど 小さい 。

2

1 **重要** **加法，減法**

□加法の規則

1 同じ符号の2つの数の和

符号… 2つの数と 同じ 符号　絶対値… 2つの数の絶対値の 和

2 異なる符号の2つの数の和

符号……絶対値の 大きいほう の数と同じ符号

絶対値…絶対値の大きいほうから小さいほうをひいた 差

3 ある数と0との和は，その 数自身 である。

□減法の規則

1 ある数から正の数または負の数をひくには，ひく数の 符号

を変えて加えればよい。

2 ある数から0をひいた差は，その 数自身 である。

2 **重要** **乗法，除法**

□乗法，除法の規則

1 同じ符号の2つの数の積，商

符号… 正 の符号　　絶対値… 2つの数の絶対値の積，商

2 異なる符号の2つの数の積，商

符号… 負 の符号　　絶対値… 2つの数の絶対値の積，商

3 ある数と0との積は， 0 である。

□いくつかの数の積

符号……負の数の個数が { 偶数個のとき， ＋
　　　　　　　　　　　　 奇数個のとき， －

絶対値…かけ合わせる数の 絶対値 の積

3

教 p.68〜81

1 重要 **式を書くときの約束**

□ 文字を使った式では，乗法の記号×を 省いて 書く。

| 例 | $a \times b = \boxed{ab}$ ←ふつうはアルファベットの順に書きます。

□ 文字と数との積では，数を文字の 前 に書く。

| 例 | $x \times 2 = \boxed{2x}$

□ 同じ文字の積は， 累乗の指数 を使って表す。

| 例 | $x \times x = \boxed{x^2}$

□ 文字を使った式では，除法の記号÷を使わないで， 分数 の形で表す。

| 例 | $x \div 3 = \boxed{\dfrac{x}{3}}$ ←$\dfrac{1}{3}x$ と書くこともあります。

2 式による数量の表し方

□ 式を書くときの約束にしたがって，いろいろな数量を式で表せます。

| 例 | 3000 円を出して，1 本 x 円のジュースを 5 本買ったときのおつりを式で表すと，代金は $\boxed{5x}$ 円だから，おつりは，

$\boxed{3000-5x}$ （円）

3 式の値

□ 式の中の文字を数に置きかえることを， 代入 するといいます。

□ 文字に数を代入するとき，その数を 文字の値 といい，代入して計算した結果を 式の値 といいます。

| 例 | $x = -2$ のとき，$5-x$ の値は，

$5-x = 5-(-2) = 5+\boxed{2} = \boxed{7}$

1 1次式とその項

□文字の部分が同じ項どうしは，分配法則 $ac+bc=\boxed{(a+b)c}$ を

使って1つの項にまとめることができます。

例 $3a-2-2a+1=3a-\boxed{2a}-2+1$

$\qquad\qquad\qquad =(3-2)a+(-2+1)$

$\qquad\qquad\qquad =\boxed{a-1}$ ← a と -1 はまとめられません。

2 重要 1次式と数との乗法，1次式を数でわる除法

□項が2つの1次式と数との乗法では，

分配法則 $a(b+c)=\boxed{ab+ac}$ を使って計算します。

例 $3(x+4)=\boxed{3}\times x+\boxed{3}\times 4$

$\qquad\qquad =\boxed{3x+12}$

□項が2つの1次式を数でわるには，1次式の各項をその数でわるか，

わる数の $\boxed{逆数}$ をかけます。

3 1次式の加法，減法

□1次式の加法は，文字の部分が $\boxed{同じ}$ 項どうし，数だけの項どう

しをまとめます。

□1次式の減法は，ひく式の各項の $\boxed{符号}$ を変えて加えます。

4 関係を表す式

□ a と b は等しい …… $a\boxed{=}b$ ｝等式

□ a は b 以上である…… $a\boxed{≧}b$ ｝

□ a は b 以下である…… $a\boxed{≦}b$ ｝不等式

3章 1次方程式

1節 方程式

2節 1次方程式の解き方

1 重要 等式の性質

□ **1** 等式の両辺に同じ数や式を加えても，等式は成り立つ。

$A=B$　ならば　$A+C=\boxed{B+C}$

□ **2** 等式の両辺から同じ数や式をひいても，等式は成り立つ。

$A=B$　ならば　$A-C=\boxed{B-C}$

□ **3** 等式の両辺に同じ数をかけても，等式は成り立つ。

$A=B$　ならば　$AC=\boxed{BC}$

□ **4** 等式の両辺を 0 でない同じ数でわっても，等式は成り立つ。

$A=B$　ならば　$\dfrac{A}{C}=\boxed{\dfrac{B}{C}}$　ただし，$C\neq0$

2 1次方程式を解く手順

□ **❶** 文字 x をふくむ項はすべて左辺に，数だけの項はすべて右辺に $\boxed{移項}$ する。

□ **❷** 両辺を計算して，$ax=b$ の形にする。

□ **❸** 両辺を x の $\boxed{係数}$ でわる。

|例|　$4x+2=-3x+9$　❶

$4x\boxed{+}3x=9\boxed{-}2$　❷

$7x=7$

$x=\boxed{1}$　❸

□ $\boxed{かっこ}$ がある方程式は，$\boxed{かっこ}$ をはずして解きます。

□ 係数に小数や分数がある方程式は，係数を $\boxed{整数}$ になおします。

3 比例式の性質

□ $a:b=c:d$　ならば，　$\boxed{ad=bc}$

6

1 関数

□ ともなって変わる2つの数量 x，y があって，x の値を決めると，それに対応して y の値がただ1つに決まるとき，y は x の関数 であるといいます。

□ 変数のとりうる値の範囲を，その変数の 変域 といいます。

|例| x の変域は2以上5未満のすべての数　$2 \leqq x < 5$

2 重要 比例

□ y が x の関数で，変数 x と y の関係が $y=ax$（a は定数，$a \neq 0$）で表されるとき，y は x に 比例する といいます。
$y=ax$ の文字 a を，比例定数 といいます。

□ y が x に比例するとき，x の値が2倍，3倍，4倍，……になると，対応する y の値も 2倍，3倍，4倍，…… になります。

□ y が x に比例し，$x \neq 0$ のとき，$\dfrac{y}{x}$ の値は一定で，比例定数 に等しくなります。

3 座標

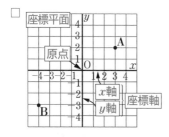

座標平面
原点
x軸
y軸
座標軸

□ 左の図の点 A を表す数の組(3，2) を点 A の 座標 といい，3を点 A の x座標，2を点 A の y座標 といいます。

|例| 上の図で，点 B の座標は（-4，-3）

4章 量の変化と比例，反比例

1 比例のグラフ

□ $y=ax$ のグラフは， 原点 を通る直線です。x の値がどこから

1 増加しても，y の値は 比例定数 と同じだけ増加します。

□ $a>0$ のとき，右 上がり 　　$a<0$ のとき，右 下がり

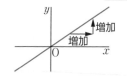 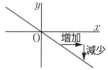

2 重要 反比例

□ y が x の関数で，変数 x と y の関係が $y=\dfrac{a}{x}$（a は定数，$a \neq 0$）で

表されるとき，y は x に 反比例する といいます。

$y=\dfrac{a}{x}$ の文字 a を， 比例定数 といいます。

□ y が x に反比例するとき，x の値が2倍，3倍，4倍，……になると，

対応する y の値は $\dfrac{1}{2}$ 倍，$\dfrac{1}{3}$ 倍，$\dfrac{1}{4}$ 倍，…… になります。

□ y が x に反比例するとき，xy の値は一定で， 比例定数 に等し

くなります。

3 反比例のグラフ

□ 反比例を表す関数 $y=\dfrac{a}{x}$ のグラフは， 双曲線 です。

□ $a>0$ のとき　　　　　　　　　$a<0$ のとき

5章 平面の図形

1節 平面図形とその調べ方

教 p.166〜171

1 直線，半直線，線分

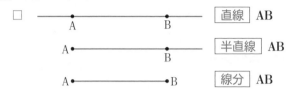

2 点と点の距離

□線分 AB の長さを2点 A，B 間の 距離 といい， AB と表します。

3 直線がつくる角

□1点からひいた2つの半直線のつくる図形が 角 です。右の図の角を ∠AOB ，∠BOA，あるいは ∠O，∠a と表します。

4 平面上の2直線と距離

□2直線 ℓ，m が交わらないとき，直線 ℓ と m は平行であるといい， $\ell /\!/ m$ と表します。

□2直線 ℓ，m が直角に交わっているとき，直線 ℓ と m は垂直であるといい， $\ell \perp m$ と表します。このとき，ℓ は m の 垂線 ，m は ℓ の 垂線 であるといいます。

□2直線 ℓ，m が平行であるとき，ℓ 上のどこに点をとっても，その点と直線 m との距離は 一定 です。この 一定 の距離を平行線 ℓ，m 間の 距離 といいます。

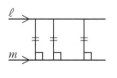

9

5章 平面の図形

教 p.172〜177

1 円と直線

□円周の一部分を 弧 といいます。

円周上の2点 A, B を両端とする弧を 弧 AB

といい, $\overset{\frown}{AB}$ と表します。

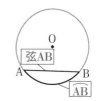

□円周上の2点を結ぶ線分を 弦 といい, 2点 A,

B を両端とする弦を 弦 AB といいます。

□円と直線とが1点で交わるとき, 円と直線とは

接する といいます。この直線を円の 接線 ,

交わる点を 接点 といいます。

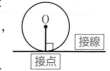

□円の接線は, その接点を通る半径に 垂直 で

す。

2 重要 円とおうぎ形

□円周の長さと円の面積

半径 r の円で, 円周の長さを ℓ, 円の面積を S とすると,

円周の長さ $\ell = \boxed{2\pi r}$

円の面積 $S = \boxed{\pi r^2}$

□おうぎ形の弧の長さと面積

半径を r, 中心角を $a°$ とすると,

弧の長さ $\ell = \boxed{2\pi r \times \dfrac{a}{360}}$

面積 $S = \boxed{\pi r^2 \times \dfrac{a}{360}}$

1 重要 基本の作図

□線分の垂直二等分線

□角の二等分線

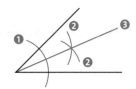

□直線上の1点を通る垂線

□直線上にない1点を通る垂線

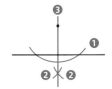

2 図形の移動

□平行移動させた図形ともとの図形では，対応する辺は 平行 になります。また，対応する点を結ぶ線分は，どれも 平行 で 長さ が等しくなります。

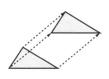

□回転移動させた図形ともとの図形では，回転の中心は対応する2点から 等しい 距離にあり，対応する2点と回転の中心を結んでできる 角 はすべて 等しく なります。

□対称移動させた図形ともとの図形では，対応する点を結ぶ線分と対称軸は 垂直 になり，その交点から対応する点までの距離は 等しく なります。

11

1 いろいろな立体

□角柱

2つの底面が平行で，その形が 合同 な多角形であり，側面がすべて 長方形 である立体を角柱といいます。

□

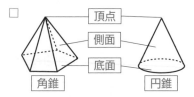

頂点
側面
底面
角錐
円錐

2 空間にある直線と平面

□空間にある2つの直線の位置関係

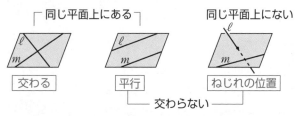

同じ平面上にある
同じ平面上にない

ℓ
m
交わる

ℓ
m
平行

ℓ
m
ねじれの位置

交わらない

□空間にある直線と平面の位置関係

ℓ
A
P
交わる

ℓ
P
交わらない
$\ell /\!/ P$

ℓ
P
直線が 平面上にある

□2平面の位置関係

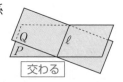

Q
ℓ
P
交わる

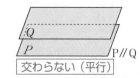

Q
P
$P /\!/ Q$
交わらない（平行）

1 動かしてできる立体

□円錐や円柱は，直角三角形，長方形 を，それぞれ直線 ℓ のまわりに 1 回転させてできた立体とみることができます。

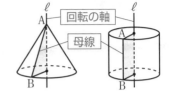

このような立体を 回転体 といい，直線 ℓ を 回転の軸 といいます。回転体の側面をつくる線分 AB を 母線 といいます。

2 投影図

□立体を，正面から見たときの図を 立面図，真上から見たときの図を 平面図 といい，これらを合わせて，投影図 といいます。

3 角錐，円錐の展開図

□角錐の展開図は，側面の 三角形 と，底面の図形 からできています。

□円錐の展開図は，おうぎ形 と円からできています。

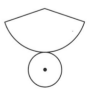

側面になるおうぎ形の弧の長さは 底面の円周 に等しく，おうぎ形の半径は円錐の 母線の長さ に等しくなっています。

1 角柱，円柱の体積

□底面積を S，高さを h とすると，

体積 $V=\boxed{Sh}$

□円柱の底面の半径を r，高さを h とすると，

体積 $V=\boxed{\pi r^2 h}$

2 重要 角錐，円錐の体積

□底面積を S，高さを h とすると，

体積 $V=\boxed{\dfrac{1}{3}Sh}$

□円錐の底面の半径を r，高さを h とすると，

体積 $V=\boxed{\dfrac{1}{3}\pi r^2 h}$

3 球の表面積と体積

□球の半径を r，表面積を S とすると，

$S=\boxed{4\pi r^2}$

□球の半径を r，体積を V とすると，

$V=\boxed{\dfrac{4}{3}\pi r^3}$

|例| 半径 2 cm の球の表面積と体積

(表面積) $4\pi \times \boxed{2}^2 = \boxed{16\pi}$ (cm²)

(体積) $\dfrac{4}{3}\pi \times \boxed{2}^3 = \boxed{\dfrac{32\pi}{3}}$ (cm³)

1 範囲

□データの値の中で，最大の値を 最大値 ，最小の値を 最小値 と

いいます。

□(範囲)＝(最大値)−(最小値)

|例| 数学の小テストの点数が下の表のようになった。

回数	1	2	3	4	5	6	7	8	9	10
点数(点)	8	10	9	4	7	8	6	9	5	6

このとき，最大値は 10 点，最小値は 4 点

範囲は 10 − 4 ＝ 6 (点)

2 重要 ヒストグラムと度数分布多角形

□階級として区切った区間の幅のことを 階級の幅 といいます。

□柱状グラフを ヒストグラム ともいいます。

□ヒストグラムの各階級の長方形の上の辺の中点を，順に折れ線で結

んだグラフを 度数分布多角形 ，または度数折れ線といいます。

3 重要 相対度数

□(相対度数)＝$\dfrac{(\boxed{階級の度数})}{(\boxed{度数の合計})}$

□最小の階級から各階級までの度数の総和を 累積度数 といいます。

□最小の階級から各階級までの相対度数の総和を 累積相対度数 と

いいます。

1 分布のようすと代表値

□階級の中央の値を 階級値 といいます。

□度数分布表から，階級値を使っておよその平均値を求めることができます。

平均値＝ $\dfrac{(階級値)\times(度数)\ の合計}{度数\ の合計}$

|例|

通学時間(分)	階級値(分)	度数(人)	(階級値)×(度数)
以上　未満 0 〜 10	5	2	10
10 〜 20	15	3	45
20 〜 30	25	2	50
計		7	105

上の表は，A 班の通学時間をまとめたものです。

この表から，A 班の通学時間のおよその平均値は，

$\dfrac{105}{7} = 15$ （分）

□度数分布表で， 最大の度数をもつ階級 の階級値を最頻値(モード)といいます。

2 確率

□多数回の実験を行ったり，数多くの例を観察したりして，あることがらの現れる 相対度数 を調べれば，そのことがらの起こりやすさの程度を知ることができます。

□あることがらの 起こりやすさの程度 を表す数を，そのことがらの起こる確率といいます。

大日本図書版・中学数学1年

Step 2 予想問題
・**1節 数の見方**
・**2節 正の数，負の数**

1ページ
30分

【素因数分解】

❶ 次の数を素因数分解しなさい。

☐(1)　66　　　　　☐(2)　100　　　　　☐(3)　360

（　　　　　　）　　（　　　　　　）　　（　　　　　　）

【素因数分解の利用】

❷ 次の2つの数の最大公約数と最小公倍数を求めなさい。

☐(1)　18 と 45

最大公約数（　　　　　）　最小公倍数（　　　　　）

☐(2)　42 と 56

最大公約数（　　　　　）　最小公倍数（　　　　　）

【反対向きの性質をもった数量】

❸ 次の数量を ＋，－ を使って表しなさい。

☐(1)　山を 500m 登ることを ＋500m と表すとき，山を 500m 下ること

（　　　　　　　　）

☐(2)　木を 10 本切ることを －10 本と表すとき，木を 20 本植えること

（　　　　　　　　）

【正の数と負の数①（正の符号，負の符号）】

❹ 次の数を，正の符号，負の符号を使って表しなさい。

☐(1)　0 より 8.3 小さい数　　　☐(2)　0 より $\frac{1}{5}$ 大きい数

（　　　　　　）　　　　　（　　　　　　）

【正の数と負の数②】

❺ 次の数の中で，正の数，負の数を書きなさい。
☐
$+2\frac{1}{4}$,　$+0.2$,　$-\frac{1}{4}$,　-5,　0,　$+\frac{2}{3}$,　-0.8

正の数（　　　　　　　　　　）

負の数（　　　　　　　　　　）

❶ヒント

❶

❌ ミスに注意
同じ数の積は累乗の指数を使って表しましょう。
(例)$2×2×2=2^3$

❷

素因数分解して共通している部分が最大公約数です。

❸

ある数量を ＋ や － の符号を使って表したとき，反対向きの性質の数量は，一方を ＋，他方を － を使って表すことができます。

❹

0 より大きい数は ＋ で，0 より小さい数は － で表します。

❺

0 は，正の数でも負の数でもない数です。

【正の数と負の数③（数直線①）】

❻ 下の数直線上の点 A，B，C，D が表す数を書きなさい。

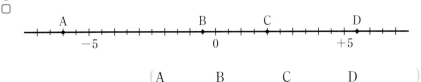

（A　　　B　　　C　　　D　　　）

【正の数と負の数④（数直線②）】

❼ 下の数直線上に，次の数に対応する点をとりなさい。

$$-4,\ +2.5,\ -\frac{3}{2},\ +5$$

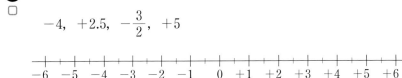

【数の大小①（絶対値）】

❽ 絶対値が 2.5 より小さい整数をすべて書きなさい。

（　　　　　　　　　　）

【数の大小②（数の大小と絶対値）】

❾ 次の数を大きい順に並べなさい。また，その絶対値が最も大きい数を書きなさい。

$$+4,\ -0.5,\ -3,\ +\frac{2}{5},\ -5.6,\ +20,\ 0,\ +0.1$$

大きい順（　　　　　　　　　　　　）

絶対値が最も大きい数（　　　　　　）

【数の大小③】

❿ 次の（　）にあてはまる不等号を書きなさい。

(1) $+2$（　　）-4　　(2) -11（　　）-7

(3) 0（　　）-0.3　　(4) $-\frac{1}{2}$（　　）$-\frac{1}{3}$

(5) $-\frac{5}{8}$（　　）-0.7　　(6) $+\frac{2}{3}$（　　）$+\frac{5}{6}$

ヒント

❻ 0 より左側が負の数で，0 より右側が正の数です。

❼ $-\frac{3}{2}$ は小数になおして考えます。

❽ 整数には，正の整数，0，負の整数があります。

❾ 正の数は 0 より大きく，負の数は 0 より小さいです。また，正の数は負の数より大きいです。

ミスに注意
負の数は，絶対値が大きいものほど小さくなることに注意しましょう。

❿ 5 が 3 より大きいことを，不等号を使って 5>3，または 3<5 と表します。

テスト得ダネ
数の大小を問う問題はよく出ます。負の数どうしの大小は，まちがえやすいので注意しましょう。

| Step 1 | 基本チェック | 3節 加法，減法／4節 乗法，除法
5節 正の数，負の数の利用 | 15分 |

教科書のたしかめ　[　]に入るものを答えよう！

3節 加法，減法　▶教 p.26-40　Step 2 ❶-❹

解答欄

□(1)　$(+5)+(+7)=[\ +12\ ]$，$(+7)+(-7)=[\ 0\ ]$

(1)　／

□(2)　$(-1)+(-4)=[\ -5\ ]$，$(-3.5)+(+1.2)=[\ -2.3\ ]$

(2)　／

□(3)　$(+6)+(-3)+(+5)=\{(+6)+([\ +5\ ])\}+(-3)$

$=([\ +11\ ])+(-3)=[\ +8\ ]$

(3)　／

□(4)　$(+7)-(+4)=[\ +3\ ]$，$(+2)-(-3)=[\ +5\ ]$

(4)　／

□(5)　$(+8)-(+5)-(-6)=(+8)+([\ -5\ ])+(+6)=[\ +9\ ]$

(5)　／

□(6)　$7-9+5=7+[\ 5\ ]-9=[\ 12\ ]-9=3$

(6)　／

4節 乗法，除法　▶教 p.42-58　Step 2 ❺-❸

□(7)　$(-3)\times(-8)=[\ +24\ ]$，$(+4)\times(-2)=[\ -8\ ]$，

$(-5)\times0=[\ 0\ ]$

(7)　／

□(8)　$(-5)^2=[\ 25\ ]$，$-5^2=[\ -25\ ]$

(8)　／

□(9)　$(-18)\div(-6)=[\ +3\ ]$，$(+8)\div(-2)=[\ -4\ ]$

(9)　／

□(10)　$\dfrac{1}{4}$の逆数は$[\ 4\ ]$，-4の逆数は$\left[\ -\dfrac{1}{4}\ \right]$

(10)　／

□(11)　$2\times10-6\div(-2)=[\ 23\ ]$

(11)　／

5節 正の数，負の数の利用　▶教 p.59-61　Step 2 ❹

□(12)　Aさんは4月から6月に読んだ本の冊数を，3冊を基準として表
のように記録した。Aさんが5月に
読んだ本は$[\ 4\ ]$冊である。

月	4月	5月	6月
冊数(冊)	+2	+1	-2

(12)

教科書のまとめ　＿＿に入るものを答えよう！

□ たし算を 加法 ，ひき算を 減法 という。

□ 加法の 交換 法則…$a+b=b+a$，加法の 結合 法則…$(a+b)+c=a+(b+c)$

□ かけ算を 乗法 ，わり算を 除法 という。

□ 乗法の 交換 法則…$a\times b=b\times a$，乗法の 結合 法則…$(a\times b)\times c=a\times(b\times c)$

□ 2つの数の積が1であるとき，一方の数を他方の数の 逆数 という。

□ 乗法と除法の混じった式の計算は， 乗法 だけの式になおして計算することができる。

□ 加法，減法，乗法，除法をまとめて 四則 という。四則の混じった式では， 乗法，除法 を先
に計算する。

□ 分配 法則…$a\times(b+c)=a\times b+a\times c$，$(a+b)\times c=a\times c+b\times c$

Step 2 予想問題

3節 加法，減法／4節 乗法，除法
5節 正の数，負の数の利用

1ページ
30分

【加法①（2つの数の加法）】

❶ 次の計算をしなさい。

☐(1)　$(+1)+(+10)$

(　　　　　)

☐(2)　$(-6)+(+19)$

(　　　　　)

☐(3)　$(-9)+(-2)$

(　　　　　)

☐(4)　$0+(-8)$

(　　　　　)

☐(5)　$(+1.5)+(-3)$

(　　　　　)

☐(6)　$(-7.4)+(-0.2)$

(　　　　　)

☐(7)　$\left(+\dfrac{1}{8}\right)+\left(-\dfrac{1}{3}\right)$

(　　　　　)

☐(8)　$\left(-\dfrac{1}{2}\right)+\left(-\dfrac{1}{4}\right)$

(　　　　　)

【加法②（いくつかの数の加法）】

❷ 次の計算をしなさい。

☐(1)　$(+10)+(-8)+(-2)$

(　　　　　)

☐(2)　$(-6)+(+8)+(-1)$

(　　　　　)

☐(3)　$(-15)+(+25)+(-4)+(+12)$

(　　　　　)

【減法】

❸ 次の計算をしなさい。

☐(1)　$(+11)-(+2)$

(　　　　)

☐(2)　$(-5)-(-10)$

(　　　　)

☐(3)　$(-1)-(+7)$

(　　　　)

☐(4)　$(+6)-(+21)$

(　　　　)

☐(5)　$0-(+8)$

(　　　　)

☐(6)　$(+0.4)-(-0.2)$

(　　　　)

【加法と減法の混じった式の計算】

❹ 次の計算をしなさい。

☐(1)　$(+6)-(-3)+(-9)-(+1)$

(　　　　　)

☐(2)　$(-4)+(-12)-(+1)$

(　　　　　)

☐(3)　$-2+8-9$

(　　　　　)

☐(4)　$3-8+6-(-7)$

(　　　　　)

☐(5)　$65-78-21+19$

(　　　　　)

☐(6)　$\dfrac{1}{10}-\dfrac{2}{5}-\left(-\dfrac{3}{10}\right)$

(　　　　　)

ヒント

❶
2つの数の加法では，同符号の場合，絶対値の和にもとの数の符号を，異符号の場合，絶対値の差に，絶対値の大きいほうの数の符号をつけます。

❷
正の数と負の数を別々に計算し，最後に加えます。

❸
減法では，ひく数の符号を変えて，加法になおして計算します。

⊗ ミスに注意
$\triangle-0=\triangle$ であるが，$0-\triangle=-\triangle$ であることに注意します。

❹
かっこをはずし，正の項，負の項をそれぞれ集めて和を求めます。

テスト得ダネ
減法はテストによく出ます。符号をまちがえないようにしましょう。

［解答 ▶ p.2］

【乗法①（2つの数の乗法）】

❺ 次の計算をしなさい。

□(1)　$(+2) \times (-3)$

□(2)　$(-12) \times (-5)$

□(3)　$(+30) \times (-11)$

□(4)　$(+6) \times (-1.5)$

□(5)　$(+8) \times 0$

□(6)　$\left(-\dfrac{3}{7}\right) \times \left(-\dfrac{2}{5}\right)$

【乗法②（いくつかの数の積）】

よく出る

❻ 次の計算をしなさい。

□(1)　$(-9) \times (-6) \times (+2)$

□(2)　$4 \times (-3) \times (+5)$

□(3)　$(-2) \times (-7) \times (-3) \times (+1)$

□(4)　$(-6) \times (-12) \times \left(-\dfrac{1}{4}\right) \times \left(-\dfrac{3}{2}\right)$

【乗法③（累乗の計算）】

❼ 次の計算をしなさい。

□(1)　7^2

□(2)　$(-4)^2$

□(3)　$(-3)^2 \times (-4^2)$

□(4)　$\left(-\dfrac{1}{3}\right)^3$

【除法①（2つの数の除法）】

❽ 次の計算をしなさい。

□(1)　$(-12) \div (+2)$

□(2)　$(+34) \div (-17)$

□(3)　$(-8) \div (-1)$

□(4)　$0 \div (-50)$

□(5)　$(+9) \div (-9)$

□(6)　$(+5) \div (-20)$

💡ヒント

❺
まず符号を決めて，次に絶対値の積を求めます。

❻
負の数の個数に注目して，積の符号を決めます。

❼
(3)$(-3) \times (-3)$
　　$\times \{-(4 \times 4)\}$

📋テスト得ダネ
$(-3)^2 = 9$
$(-3^2) = -9$
このちがいを，しっかりと理解しておきましょう。

❽
まず符号を決めて，次に絶対値の商を求めます。

【除法②（逆数）】

❾ 次の数の逆数を答えなさい。

□(1) $\dfrac{3}{7}$　　　　　　　　　　□(2) -8

（　　　　　　）　　　　　　　　（　　　　　　）

□(3) -0.3　　　　　　　　　□(4) $1\dfrac{2}{5}$

（　　　　　　）　　　　　　　　（　　　　　　）

【乗法と除法の混じった式の計算】

❿ 次の計算をしなさい。

□(1) $(-3)\times21\div(-9)$　　　　□(2) $120\div(-72)\times15$

（　　　　　　）　　　　　　　　（　　　　　　）

□(3) $5\div(-2)^2\times(-8)$　　　　□(4) $(-16)\div(-2)\times\left(-\dfrac{3}{4}\right)$

（　　　　　　）　　　　　　　　（　　　　　　）

□(5) $108\div(-9)^2\div\left(-\dfrac{1}{3}\right)$　　□(6) $\dfrac{4}{5}\times\left(-\dfrac{5}{2}\right)\div\left(-\dfrac{8}{7}\right)$

（　　　　　　）　　　　　　　　（　　　　　　）

【四則の混じった式の計算①】

⓫ 次の計算をしなさい。

□(1) $(-11)\times0+(-12)$　　　□(2) $84\div(-12)+(-7)\times5$

（　　　　　　）　　　　　　　　（　　　　　　）

□(3) $2\times(-5)-(-3)^2$　　　　□(4) $-23+9\div(-3)+7$

（　　　　　　）　　　　　　　　（　　　　　　）

□(5) $12\times(-9)-2^2\times5$　　　□(6) $\dfrac{2}{3}\times\left(-\dfrac{1}{4}\right)-\left(-\dfrac{5}{6}\right)$

（　　　　　　）　　　　　　　　（　　　　　　）

□(7) $\{1-(-7)\}\times2-(-15)\div3$

（　　　　　　）

□(8) $3\times(-9)+\{-(-5)\times20-(-6)\}$

（　　　　　　）

[解答 ▶ p.3]

1章

【四則の混じった式の計算②（分配法則）】

⑫ 次の計算をしなさい。

(1) $-12 \times \left(\dfrac{3}{4} - \dfrac{1}{3}\right)$

(　　　　　)

(2) $\left(-\dfrac{4}{7}\right) \times 3 + \left(-\dfrac{4}{7}\right) \times (-17)$

(　　　　　)

💡ヒント

⑫
分配法則の利用を考えます。

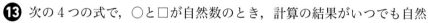
$a \times (b+c) = a \times b + a \times c$

【数の広がりと四則】

⑬ 次の 4 つの式で，○と□が自然数のとき，計算の結果がいつでも自然数になるものを選んで記号で答えなさい。

(ア)　○＋□

(イ)　○－□

(ウ)　○×□

(エ)　○÷□

(　　　　　　　　　)

⑬
自然数とは，正の整数のことです。

【正の数，負の数の利用】

⑭ 下の表は，A〜J の 10 人の生徒のテストの得点から，基準点をひいた差を示したものです。

生徒	A	B	C	D	E	F	G	H	I	J
差(点)	−9	+6	+15	−8	−2	0	+4	−15	+7	−8

(1)　J の得点は 65 点です。基準にした点は何点ですか。

(　　　　　)

(2)　一番得点が高かった生徒の得点は何点ですか。

(　　　　　)

(3)　一番得点が低かった生徒の得点は何点ですか。

(　　　　　)

(4)　10 人の平均点は何点ですか。

(　　　　　)

⑭
(1) J の得点から基準点をひいたものが −8 点
(2)(3) (1)の答えをもとにして，求められます。
(4) (10 人の平均点)
　＝(基準点)
　　　＋(差の平均)
です。

Step 3 予想テスト

1章 数の世界のひろがり

30分

／100点

目標80点

❶ 次の(1)，(2)に答えなさい。🔢 12点(各4点)

☐ (1) 540を素因数分解しなさい。

☐ (2) 20と28の最大公約数と最小公倍数を求めなさい。

❷ 次の( )にあてはまることばや数を書きなさい。🔢 16点(各4点，(3)完答)

☐ (1) 正の整数は( )ともいいます。

☐ (2) 7年後を +7年と表すと，7年前は( )と表せます。

☐ (3) 絶対値が4である数は，( )と( )です。

☐ (4) 0.5の逆数は( )です。

❸ 次の数の大小を，不等号を使って表しなさい。🔢 8点(各4点)

☐ (1) 4，−6

☐ (2) 1，−1.06，−1.6

❹ 下の数の中から，次の(1)〜(4)にあてはまる数を選びなさい。🔢 12点(各3点)

☐ (1) 最も大きい数

☐ (2) 負の数で最も大きい数

☐ (3) 正の数で最も小さい数

☐ (4) 絶対値が最も大きい数

$$-8, \ +7, \ -3, \ 0.02, \ 1.5, \ -\frac{1}{5}, \ 3$$

❺ 次の計算をしなさい。🔢 12点(各3点)

☐ (1) $(-9)+(+6)$

☐ (2) $(-8)-(-21)$

☐ (3) $-31+15$

☐ (4) $44-91+2-28$

❻ 次の計算をしなさい。🔢 18点(各3点)

☐ (1) $(-12)\times(-4)$

☐ (2) $(+54)\div(-6)$

☐ (3) $9\times2\times(-1)\times(-2)^2$

☐ (4) $16\times(-6)\div(-8)$

☐ (5) $(-3)^2\div9\div\left(-\frac{1}{6}\right)$

☐ (6) $\frac{3}{7}\times\left(-\frac{5}{6}\right)\div\left(-\frac{5}{4}\right)$

7 次の計算をしなさい。 [知]   12点(各3点)

□(1) $45 \div (-5) - 4 \times (-8)$ □(2) $8 - 9 \div 3 - 6$

□(3) $\dfrac{2}{3} \times \left(-\dfrac{1}{6}\right) - \left(-\dfrac{2}{9}\right)$ □(4) $-2^2 + \{-(-6) \times 9 - 41\}$

8 次の表は，あるお店の月曜日から金曜日までの1日のお弁当の売上数を，120個を基準として記録したものです。 [考]   10点(各5点)

曜日	月	火	水	木	金
売上数 (個)	$+9$	$+3$	-12	-8	$+23$

□(1) 5日間のうち，売上数が最も多かった日と，最も少なかった日の差は何個ですか。

□(2) 1日の平均売上数を求めなさい。

❶	(1)	(2)最大公約数		最小公倍数	
❷	(1)	(2)			
	(3)			(4)	
❸	(1)		(2)		
❹	(1)		(2)		
	(3)		(4)		
❺	(1)		(2)		
	(3)		(4)		
❻	(1)	(2)		(3)	
	(4)	(5)		(6)	
❼	(1)		(2)		
	(3)		(4)		
❽	(1)		(2)		

❶ ╱12点 ❷ ╱16点 ❸ ╱8点 ❹ ╱12点 ❺ ╱12点 ❻ ╱18点 ❼ ╱12点 ❽ ╱10点 [解答▶p.4] **11**

Step 1 基本チェック │ 1節 文字と式

15分

教科書のたしかめ [ ]に入るものを答えよう！

1節 文字と式　　▶教 p.68-81　Step 2 ❶-❻

解答欄

- □(1)　1本 50 円の鉛筆を a 本買うときの代金を，記号 ×，÷，＋，−
  と文字 a を使った式で表すと [$50×a$(円)]
  (1)

- □(2)　$2×a$ を，記号 × を使わないで表すと [$2a$]
  (2)

- □(3)　$x×(-1)$ を，記号 × を使わないで表すと [$-x$]
  (3)

- □(4)　$b×a×3$ を，記号 × を使わないで表すと [$3ab$]
  (4)

- □(5)　$(x-2)×4$ を，記号 × を使わないで表すと [$4(x-2)$]
  (5)

- □(6)　$y×y$ を，記号 × を使わないで表すと [y^2]
  (6)

- □(7)　$a÷4$ を，記号 ÷ を使わないで表すと [$\dfrac{a}{4}$]
  (7)

- □(8)　$(x+y)÷2$ を，記号 ÷ を使わないで表すと [$\dfrac{x+y}{2}$]
  (8)

- □(9)　$7b^2c$ を，記号 × を使って表すと [$7×b×b×c$]
  (9)

- □(10)　$\dfrac{5}{x}$ を，記号 ÷ を使って表すと [$5÷x$]
  (10)

- □(11)　$x$kg の 9％を式で表すと [$0.09x$ kg$\left(\dfrac{9}{100}x\,\text{kg}\right)$]
  (11)

- □(12)　$a=-3$ のときの，式 $2a$ の値は [-6]である。
  (12)

- □(13)　$x=-6$ のときの，式 $\dfrac{1}{x}$ の値は [$-\dfrac{1}{6}$]である。
  (13)

- □(14)　$y=2$ のときの，式 y^2 の値は [4]である。
  (14)

- □(15)　十の位の数が a，一の位の数が 5 である 2 桁の整数を式で表すと
  [$10a+5$]
  (15)

教科書のまとめ ＿＿＿に入るものを答えよう！

- □ 積の表し方
  - ① 文字を使った式では，乗法の記号 × を省いて書く。
  - ② 文字と数との積では，数を文字の前に書く。
  - ③ 同じ文字の積は， 累乗 の指数を使って表す。
- □ 商の表し方
  - 文字を使った式では，除法の記号 ÷ を使わないで， 分数 の形で表す。
- □ 式の中の文字を数に置きかえることを 代入する という。
- □ 代入するとき，文字を置きかえる数のことを 文字の値 という。
- □ 式の中の文字に数を代入して計算した結果を 式の値 という。

Step 2 予想問題 ● 1節 文字と式

1ページ
30分

【数量を表す式】

❶ 次の数量を，記号 ×，÷，＋，− を使った文字の式で表しなさい。

□(1)　1箱 120 円のチョコレート a 箱と，1個 90 円のガム b 個を買ったときの代金

（　　　　　　　　　）

□(2)　身長が $a$cm，$b$cm の 2 人の平均身長

（　　　　　　　　　）

□(3)　重さが $a$kg の荷物 3 個を，体重 $b$kg の人がかついだ総重量

（　　　　　　　　　）

□(4)　$x$km の道のりを時速 $a$km で進んだときにかかる時間

（　　　　　　　　　）

【式を書くときの約束①】

❷ 次の式を，記号 ×，÷ を使わないで表しなさい。

□(1)　$a \times (-1) \times y$

（　　　　　）

□(2)　$(x+y) \times \left(-\dfrac{2}{5}\right)$

（　　　　　）

□(3)　$(-6) \times b \times a \times b$

（　　　　　）

□(4)　$(3x-y) \div 16$

（　　　　　）

□(5)　$a+b \div 3$

（　　　　　）

□(6)　$a \div (-7) - c \times b$

（　　　　　）

□(7)　$5 \times x \div (-9)$

（　　　　　）

□(8)　$x \div 5 \times x + y \times 4$

（　　　　　）

【式を書くときの約束②】

❸ 次の式を，記号 ×，÷ を使って表しなさい。

□(1)　$-2x^2 y$

（　　　　　）

□(2)　$\dfrac{ab}{3}$

（　　　　　）

□(3)　$\dfrac{4a+b}{5}$

（　　　　　）

□(4)　$6x - \dfrac{8}{y}$

（　　　　　）

□(5)　$a^2 - \dfrac{c}{3-b}$

（　　　　　）

□(6)　$\dfrac{5b}{a^2}$

（　　　　　）

［解答 ▶ p.5］　13

ヒント

❶

(2)平均身長は，
（身長の合計）÷（人数）

(4)時間は，
（道のり）÷（速さ）

❌ ミスに注意
単位を書き忘れないようにしましょう。

❷

除法は分数になおします。

＋，− の記号は省けません。

❌ ミスに注意
$(-1) \times a$ は，
$-1a$ と書かないようにしましょう。

❸

(3)$4a+b$ にかっこをつけます。

(5)$3-b$ にかっこをつけます。

📋 テスト得ダネ
文字を使った式を書くときの約束を確かめる問題はよく出ます。

【式による数量の表し方】

❹ 式を書くときの約束にしたがって，次の数量を式で表しなさい。

□(1)　1個 a 円のボールを 6 個，1本 b 円のバットを 2 本買ったときの
合計の代金

（　　　　　　　　　）

□(2)　x 円の 7%

（　　　　　　　　　）

□(3)　十の位の数が x，一の位の数が y である 2 桁の整数

（　　　　　　　　　）

□(4)　5m のテープから $a$cm 切り取ったときの残りの長さ

（　　　　　　　　　）

□(5)　$x$km の道のりを 3 時間で歩くときの速さ

（　　　　　　　　　）

【式の値】

❺ $a=-2$，$b=3$ のときの，次の式の値を求めなさい。

□(1)　$8-4a$

（　　　　　　　）

□(2)　$-\dfrac{2}{a}$

（　　　　　　　）

□(3)　$-6ab$

（　　　　　　　）

□(4)　$(-b)^2$

（　　　　　　　）

□(5)　a^2-5b

（　　　　　　　）

□(6)　$(-a)^2+4$

（　　　　　　　）

【式の表す意味】

❻ 縦 $a$cm，横 $b$cm$(a>b)$ の長方形があります。次の式は，それぞれ何
を表していると考えられますか。また，それぞれに単位をつけなさい。

□(1)　$a-b$

（　　　　　　　　　　　）単位（　　　　）

□(2)　ab

（　　　　　　　　　　　）単位（　　　　）

□(3)　$2(a+b)$

（　　　　　　　　　　　）単位（　　　　）

❹
(2)7% を小数で表すと
0.07 です。
(4)単位を cm か m に
そろえます。

❌ ミスに注意
数量を式で表すとき
は，単位がそろって
いるかを確認しま
しょう。

❺
負の数を代入するとき
は，かっこをつけます。

🗒 テスト得ダネ
式の値では，式 a^2，
$-a^2$，$(-a)^2$ のち
がいがねらわれるの
で，理解しておきま
しょう。
(4)$(-b)^2$
　$=(-b)\times(-b)$

❻
式が表している意味を
説明します。

［解答 ▶ p.5］

Step 1 基本チェック ● 2節 式の計算／3節 文字と式の利用 ● 4節 関係を表す式

15分

2章

教科書のたしかめ　[ ]に入るものを答えよう！

2節 式の計算　▶ 教 p.82-90　Step 2 ❶-❺

解答欄

☐(1)　$-4x+3$ の項は[$-4x$],　[3]

☐(2)　$-a$ の係数は[-1]

☐(3)　$3x+5x=$[$8x$]

☐(4)　$3x-5x=$[$-2x$]

☐(5)　$6x+4-2x-9=$[$4x-5$]

☐(6)　$4x×7=$[$28x$]

☐(7)　$-2(5x+1)=$[$-10x-2$]

☐(8)　$(3x-2)×4=$[$12x-8$]

☐(9)　$18x÷(-6)=$[$-3x$]

☐(10)　$(8x+4)÷2=$[$4x+2$]

☐(11)　$(2x+7)+(x-1)=$[$3x+6$]

☐(12)　$(5x-6)-(-3x-2)=$[$8x-4$]

☐(13)　$-2(x-2)-(6x+8)=$[$-8x-4$]

(1)

(2)

(3)

(4)

(5)

(6)

(7)

(8)

(9)

(10)

(11)

(12)

(13)

3節 文字と式の利用　▶ 教 p.92-93　Step 2 ❻

4節 関係を表す式　▶ 教 p.94-95　Step 2 ❼

☐(14)　「30 円のあめを x 個と 80 円のチョコレートを y 個買うと代金が
　　280 円になる。」という数量の関係を等式で表すと, [$30x+80y=280$]
　　である。

(14)

☐(15)　「ある数 a の 2 倍に 3 を加えた数は, ある数 b の 3 倍から 4 をひ
　　いた数以上である。」という数量の関係を不等式で表すと,
　　[$2a+3≧3b-4$]である。

(15)

教科書のまとめ　＿＿ に入るものを答えよう！

☐ $2x-6$ で, $2x$, -6 を, それぞれ式 $2x-6$ の 項 という。

☐ 文字をふくむ項 $2x$ で, 数の部分 2 をこの項の 係数 という。

☐ 0 でない数と 1 つの文字との積で表される項を 1次の項 という。

☐ 1 次の項だけの式や, 1 次の項と数の項との和で表される式を, 1次式 という。

☐ 等式, 不等式で, 等号, 不等号の左側の式… 左辺 ⎫
　　　　　　　　　　　等号, 不等号の右側の式… 右辺 ⎭ 合わせて 両辺 という。

Step 2 予想問題　2節 式の計算／3節 文字と式の利用 4節 関係を表す式

1ページ
30分

【1次式とその項①（項と係数）】

❶ 次の1次式の項を書きなさい。また，文字をふくむ項については，その係数を書きなさい。

□(1)　$5x+9$

項（　　　　　　　）

係数（　　　　　　　）

□(2)　$-x-8$

項（　　　　　　　）

係数（　　　　　　　）

【1次式とその項②（項をまとめる）】

❷ 次の計算をしなさい。

□(1)　$3x+7x$

（　　　　　　　）

□(2)　$9x-8x$

（　　　　　　　）

□(3)　$-4x+6x-8x$

（　　　　　　　）

□(4)　$2x+6-5x-7$

（　　　　　　　）

【1次式と数との乗法，1次式を数でわる除法】

よく出る

❸ 次の計算をしなさい。

□(1)　$4x×(-8)$

（　　　　　　　）

□(2)　$(-14y)÷(-7)$

（　　　　　　　）

□(3)　$8(-3x-4)$

（　　　　　　　）

□(4)　$(12x+3)×(-3)$

（　　　　　　　）

□(5)　$(24a+16)÷8$

（　　　　　　　）

□(6)　$(10x-15)÷(-5)$

（　　　　　　　）

□(7)　$\dfrac{3x+1}{5}×10$

（　　　　　　　）

□(8)　$(-12)×\dfrac{y-6}{4}$

（　　　　　　　）

【1次式の加法，減法①（2つの1次式の和と差）】

点UP

❹ 次の各組の式で，前の式に後の式を加えなさい。また前の式から後の式をひきなさい。

□(1)　$5x-2$, $7x-8$

和（　　　　　　　）

差（　　　　　　　）

□(2)　$-7b+1$, $6b+7$

和（　　　　　　　）

差（　　　　　　　）

ヒント

❶
(1)文字をふくむ項 $5x$ で，数の部分をこの項の係数といいます。

❷
$ac+bc=(a+b)c$

✕ ミスに注意
文字をふくむ項と数だけの項は，まとめることはできません。

❸
$\overset{\frown}{a(b+c)}=ab+ac$
$\overset{\frown}{(a+b)c}=ac+bc$
$(b+c)÷a=\dfrac{b+c}{a}$
　　　　$=\dfrac{b}{a}+\dfrac{c}{a}$
(7)5と10を約分します。

📋 テスト得ダネ
計算問題はたくさん出ます。数の計算だけに気をとられず，符号にも注意しましょう。

❹
(1)$(5x-2)+(7x-8)$と，$(5x-2)-(7x-8)$の計算をします。

　　　　　　　　　　　　　　　　　　　　　　　　　　　[解答▶p.6]

【1次式の加法，減法②】

❺ 次の計算をしなさい。

☐(1)　$(5x-3)+(2-4x)$　　　　　☐(2)　$(-x+9)-(8x-6)$

（　　　　　　　　　）　　　　　　　　（　　　　　　　　　）

☐(3)　$2(x-1)+3(4x+3)$　　　　☐(4)　$-6(y-3)-(y-8)$

（　　　　　　　　　）　　　　　　　　（　　　　　　　　　）

☐(5)　$(0.4x+0.7)-(-0.6x-0.5)$　☐(6)　$\dfrac{1}{3}(9x-3)-\dfrac{1}{4}(4x+12)$

（　　　　　　　　　）　　　　　　　　（　　　　　　　　　）

ヒント

❺
かっこをはずしてから計算します。

テスト得ダネ
1次式の減法は，ひく式の各項の符号を変えることを忘れないようにしましょう。

2章

【文字と式の利用】

❻ 右の図のように，マグネットを正五角形の形に並べます。次の問題に答えなさい。

☐(1)　1辺に並ぶマグネットの個数が10個のときの，全体の個数を求めなさい。

（　　　　　　　　　）

☐(2)　右の図を使って，1辺に並ぶマグネットの個数が n 個のときの全体の個数を，n を使った式で表しなさい。

（　　　　　　　　　）

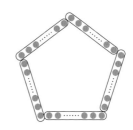

❻
1辺に並ぶマグネットの個数が何個であっても数えられるように，文字を使った式で表します。

テスト得ダネ
文字を使った式で表しにくいときは，まず具体的な数字で考えてみましょう。

(2) ⬚ の中のマグネットの個数は，$n-1$(個)。

【等式と不等式】

❼ 次の数量の関係を等式または不等式で表しなさい。

☐(1)　1本80円の鉛筆を a 本と1冊 b 円のノートを5冊買うと，代金は840円になる。

（　　　　　　　　　）

☐(2)　現在，あつしさんの年齢は x 歳，お父さんの年齢は y 歳で，12年後にお父さんの年齢はあつしさんの年齢のちょうど2倍になる。

（　　　　　　　　　）

☐(3)　縦が a cm，横が b cm の長方形の周の長さは c cm 以上になる。

（　　　　　　　　　）

☐(4)　ある数 x の4倍に5を加えてできる数は，ある数 y から2をひいてそれを3倍してできる数より小さくなる。

（　　　　　　　　　）

❼
数量の関係を考えて，等式か不等式か判断します。

Step 3 予想テスト： 2章 文字と式

30分　/100点　目標 80点

❶ 次の(1)〜(3)の式を，式を書くときの約束にしたがって表しなさい。また，(4)〜(6)の式を，記号 ×，÷ を使って表しなさい。[知]　18点(各3点)

☐(1)　$y \times a \times 1 \times y$

☐(2)　$(a-b) \times (-2)$

☐(3)　$b \times 4 + c \div (-8)$

☐(4)　$-6x^2y$

☐(5)　$\dfrac{3a+b}{4}$

☐(6)　$\dfrac{ab}{2} - 5c^2$

❷ 次の数量を式で表しなさい。[知]　12点(各4点)

☐(1)　1個 x g のボール4個を，150 g の箱に入れたときの合計の重さ

☐(2)　y 円の品物を，30% 引きで買うときの代金

☐(3)　a m のリボンから，b cm のリボンを5本切り取ったときの残りの長さ

❸ 1冊 x 円のノートと，1個 y 円の筆箱があります。
次の式は，どんな数量を表していると考えられますか。[知][考]　8点(各4点)

☐(1)　$5x+y$

☐(2)　$3(x+y)$

❹ $a=-2$，$b=4$ のときの，次の式の値を求めなさい。[知]　12点(各4点)

☐(1)　$a+2b$

☐(2)　$-5ab$

☐(3)　$-3a-6b$

❺ 次の式の項を書きなさい。また，文字をふくむ項については，その係数を書きなさい。[知]
4点(各2点，完答)

☐(1)　$7x-2$

☐(2)　$-6+y$

❻ 次の計算をしなさい。[知]　30点(各3点)

☐(1)　$2x+4x$

☐(2)　$y-\dfrac{3}{7}y$

☐(3)　$5a-a+2a$

☐(4)　$4y \times (-6)$

☐(5)　$3(9x-5)$

☐(6)　$(-56a) \div (-7)$

☐(7)　$(16x-8) \div (-8)$

☐(8)　$\dfrac{2x-8}{3} \times (-9)$

☐(9)　$(y-2)-(6y+8)$

☐(10)　$5(a-6)-3(7a-9)$

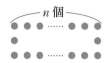

❼ 右の図のように，マグネットを長方形の形に並べます。縦に 3 個，
横に n 個のマグネットを並べるとき，次の問題に答えなさい。<u>考</u>

8点(各4点)

☐(1)　横に並ぶマグネットの個数が 5 個のときの，全体の個数を求めなさい。

☐(2)　横に並ぶマグネットの個数が n 個のときの全体の個数を，n を使った
式で表しなさい。

❽ 次の数量の関係を等式または不等式で表しなさい。<u>知</u> <u>考</u>

8点(各4点)

☐(1)　底辺 a cm，高さ b cm の三角形の面積は 30 cm^2 になる。

☐(2)　1 個 x 円のみかんを 3 個と，1 個 y 円のりんごを 2 個買って 500 円出したらおつりがあっ
た。

❶	(1)		(2)	
	(3)		(4)	
	(5)		(6)	
❷	(1)		(2)	
	(3)			
❸	(1)			
	(2)			
❹	(1)	(2)	(3)	
❺	(1)項　　　　係数		(2)項　　　　係数	
❻	(1)	(2)	(3)	
	(4)	(5)	(6)	
	(7)	(8)	(9)	
	(10)			
❼	(1)		(2)	
❽	(1)		(2)	

Step 1　基本チェック　1節 方程式　2節 1次方程式の解き方

15分

教科書のたしかめ　[ ]に入るものを答えよう！

1節 方程式　▶ 教 p.102-105　Step 2 ❶❷

解答欄

□(1)　次の⑦〜㋑のなかで，方程式 $5x-1=24$ の解は[㋑]
　　　⑦　$x=-1$　　㋑　$x=3$　　㋒　$x=-5$　　㋑　$x=5$

(1)

□(2)　次の⑦〜㋒の式のなかで，方程式は[㋑]
　　　⑦　$-1+3=2$　　㋑　$2x-3=5$　　㋒　$3x-2$

(2)

□(3)　$A=B$ ならば $A+C=[\,B+C\,]$

(3)

□(4)　$A=B$ ならば $A-C=[\,B-C\,]$

(4)

□(5)　$A=B$ ならば $AC=[\,BC\,]$

(5)

□(6)　$A=B$ ならば $\dfrac{A}{C}=\left[\,\dfrac{B}{C}\,\right]$（ただし，$C \neq 0$）

(6)

2節 1次方程式の解き方　▶ 教 p.106-115　Step 2 ❸-❻

□(7)　方程式 $x+5=2$ を解くと，$[\,x=-3\,]$

(7)

□(8)　方程式 $3x=21$ を解くと，$[\,x=7\,]$

(8)

□(9)　方程式 $-5x+7=8$ を解くと，$\left[\,x=-\dfrac{1}{5}\,\right]$

(9)

□(10)　方程式 $4x-2=-2+5x$ を解くと，$[\,x=0\,]$

(10)

□(11)　方程式 $2(3a-5)=5+a$ を解くと，$[\,a=3\,]$

(11)

□(12)　方程式 $\dfrac{1}{4}x=-3$ を解くと，$[\,x=-12\,]$

(12)

□(13)　方程式 $\dfrac{1}{2}x+1=\dfrac{1}{5}x-5$ を解くと，$[\,x=-20\,]$

(13)

□(14)　比例式 $x:12=3:4$ を解くと，$[\,x=9\,]$

(14)

□(15)　比例式 $6:7=30:x$ を解くと，$[\,x=35\,]$

(15)

教科書のまとめ　＿＿に入るものを答えよう！

□ 文字の値によって成り立ったり成り立たなかったりする等式を，その文字についての 方程式 という。

□ 方程式を成り立たせる文字の値を，その方程式の 解 といい，解 を求めることを，その方程式を解くという。

□ 等式の一方の辺の項を，その符号を変えて他方の辺に移すことを 移項 という。

□ 2つの比 $a:b$ と $c:d$ が等しいことを，$a:b=c:d$ と表す。

□ 比例式の中にふくまれる文字の値を求めることを，比例式を 解く という。

□ 比の性質…$a:b=c:d$ ならば，$ad=bc$

Step 2 予想問題 ・ **1 節 方程式**
2 節 1 次方程式の解き方

1ページ
30分

【方程式とその解】

❶ 次の⑦〜④のなかで，解が 6 である方程式をすべて選びなさい。

□

⑦　$-2x+18=4x-12$

④　$\dfrac{1}{2}x+9=2x$

⑦　$\dfrac{5}{3}x-2=\dfrac{5}{6}x+7$

④　$5x-3=-2x+39$

（　　　　　　　　　）

💡ヒント

❶
x に 6 を代入し，等式が成り立つかどうかを調べます。

3章

【等式の性質】

❷ 方程式を解くために，式を変形します。次の式を変形するのに使った等式の性質を，下の⑦〜④から選んで記号で答えなさい。

□(1)　$4x-5=27$ ⎫
　　　　　　　　　①（　　　）
　　　　$4x=32$ ⎬
　　　　　　　　　②（　　　）
　　　　　$x=8$ ⎭

□(2)　$-\dfrac{1}{2}x=\dfrac{1}{6}x+\dfrac{2}{3}$ ⎫
　　　　　　　　　　　　　①（　　　）
　　　　　$-3x=x+4$ ⎬
　　　　　　　　　　　　　②（　　　）
　　　　　　$-4x=4$ ⎬
　　　　　　　　　　　　　③（　　　）
　　　　　　　$x=-1$ ⎭

$A=B$ ならば，⑦ $A+C=B+C$　④ $A-C=B-C$
　　　　　　　⑦ $AC=BC$　　④ $\dfrac{A}{C}=\dfrac{B}{C}$ ただし，$C\neq0$

❷
上の等式から下の等式へ移ったときに，両辺がどう変わったかを調べます。

【1次方程式の解き方】

❸ 次の方程式を解きなさい。

□(1)　$x-2=7$

□(2)　$3x=36$

（　　　　　　　　　）　　　　　　（　　　　　　　　　）

□(3)　$-7x=42$

□(4)　$\dfrac{1}{8}x=-4$

（　　　　　　　　　）　　　　　　（　　　　　　　　　）

□(5)　$5x+6=-4$

□(6)　$3x=12+7x$

（　　　　　　　　　）　　　　　　（　　　　　　　　　）

□(7)　$-x+9=6+2x$

□(8)　$7y-3+2y=-30$

（　　　　　　　　　）　　　　　　（　　　　　　　　　）

❸
(1) -2 を右辺に移項します。
(2) 両辺を 3 でわります。
(5)〜(8) 文字をふくむ項を左辺に，数だけの項を右辺に移項します。

❌ ミスに注意
移項するときは，符号を変えることを忘れないようにしましょう。

【いろいろな 1 次方程式の解き方①（かっこがある 1 次方程式）】

 4 次の方程式を解きなさい。

□(1)　$2x-(3x-4)=5$

□(2)　$2(x+7)-(10-x)=5x$

（　　　　　　　　）

（　　　　　　　　）

□(3)　$x-5(x+4)=8$

□(4)　$3(-4-5x)=-9(3x-4)$

（　　　　　　　　）

（　　　　　　　　）

【いろいろな 1 次方程式の解き方②（小数や分数がある 1 次方程式）】

 5 次の方程式を解きなさい。

□(1)　$0.7x-1.3=0.8$

□(2)　$0.3x-1.5=0.8x+2$

（　　　　　　　　）

（　　　　　　　　）

□(3)　$0.05y+0.2=0.09y-0.04$

□(4)　$\dfrac{3}{4}x-2=\dfrac{5}{2}$

（　　　　　　　　）

（　　　　　　　　）

□(5)　$\dfrac{1}{5}b-\dfrac{2}{3}=\dfrac{1}{3}b-2$

□(6)　$\dfrac{2x-1}{3}=\dfrac{3}{2}x$

（　　　　　　　　）

（　　　　　　　　）

【比と比例式】

6 次の比例式を解きなさい。

□(1)　$x:15=6:5$

□(2)　$3:7=24:x$

（　　　　　　　　）

（　　　　　　　　）

□(3)　$20:(x-5)=5:2$

□(4)　$\dfrac{x}{2}:6=1:4$

（　　　　　　　　）

（　　　　　　　　）

［解答 ▶ p.10］

ヒント

4

まず分配法則を使ってかっこをはずします。

⊗｜ミスに注意

分配法則を使うときは，かっこの中の後ろの項にもかけ忘れないようにしましょう。

5

(1)両辺×10

(3)両辺×100

⊗｜ミスに注意

両辺に 10 や 100 などをかけるときは，整数の項にもかけ忘れないようにしましょう。

(4)両辺に分母の最小公倍数 4 をかけます。

(5)$\left(\dfrac{1}{5}b-\dfrac{2}{3}\right)\times15$

　$=\left(\dfrac{1}{3}b-2\right)\times15$

テスト得ダネ

方程式を解く問題はよく出ます。解けたら値をもとの式に代入し，解であることを確かめましょう。

6

比の性質

　$a:b=c:d$ ならば，

　$ad=bc$

を使って，比例式を解くことができます。

(1)$x\times5=15\times6$

(3)$(x-5)\times5=20\times2$

Step 1 **基本チェック** ┊ **3節 1次方程式の利用**

15分

教科書のたしかめ　[ ]に入るものを答えよう!

❶ 1次方程式を使って問題を解決しよう　▶ 教 p.116-117　Step 2 ❶-❹

解答欄

3章

□(1)　1冊130円のノートを5冊と，1本80円の鉛筆(えんぴつ)を何本か買い，970円支払いました。買った鉛筆の本数を求めなさい。

(1)

(**解答**)代金の合計は[970]円，ノートの代金は130×5円，

買った[鉛筆]の本数を x 本とすると，

鉛筆の代金は[$80×x$](円)だから，代金の関係は，

　$130×5+[\ 80×x\ ]=[\ 970\ ]$

これを解くと，$x=[\ 4\ ]$

よって，鉛筆の代金は$80×[\ 4\ ]=[\ 320\ ]$(円)

となり，ノートの代金と合わせて970円となるので，この答えは問題の答えとしてよい。　　　　答　[4本]

❷ 速さの問題を1次方程式を使って解決しよう　▶ 教 p.118　Step 2 ❺❻

□(2)　地点 A，B 間を，行きは時速4km，帰りは時速2kmで往復したら3時間かかりました。A，B 間の道のりを求めなさい。

(2)

(**解答**)A，B 間の[道のり]を x km とすると，

行きにかかった時間は$\dfrac{x}{4}$時間，帰りにかかった時間は$\left[\ \dfrac{x}{2}\ \right]$時間だから，時間の関係は，

　$\dfrac{x}{4}+\left[\ \dfrac{x}{2}\ \right]=[\ 3\ ]$

これを解くと，$x=[\ 4\ ]$

[4]km は，問題の答えとしてよい。　　　　答　[4km]

❸ 1次方程式の解の意味を考えよう　▶ 教 p.119　Step 2 ❼❽

教科書のまとめ　＿＿に入るものを答えよう!

□ 方程式を使って問題を解く手順

❶　わかっている数量と求める数量を明らかにし，何を x にするかを決める。

❷　 等しい 関係にある数量を見つけて，方程式をつくる。

❸　方程式を解く。

❹　方程式の 解 を問題の答えとしてよいかどうかを確かめ，答えを決める。

Step
2　予想問題　：3節 1次方程式の利用

1ページ
30分

【1次方程式を使って問題を解決しよう①（数）】

❶ ある数の5倍から2をひくと，もとの数の2倍より5小さくなります。
□　ある数を求めなさい。

（　　　　　　　　）

【1次方程式を使って問題を解決しよう②（買い物）】

よく出る

❷ 1個160円のりんごと1個200円のももを合わせて23個買い，600
□　円のかご代をふくめて，5000円にしようと思います。それぞれ何個
　　ずつ買えばよいですか。

りんご（　　　　　　　　）
もも（　　　　　　　　）

【1次方程式を使って問題を解決しよう③（過不足）】

❸ みかんを子どもに配ります。子ども1人に2個ずつ配ると15個余り，
　　1人に4個ずつ配ると7個たりません。

□（1）　子どもの人数は何人ですか。

（　　　　　　　　）

□（2）　みかんは全部で何個ありますか。

（　　　　　　　　）

【1次方程式を使って問題を解決しよう④（人数）】

点UP

❹ 長いすがあります。1脚に5人ずつ座ると，4人の生徒が座れません
□　でした。そこで6人ずつ座ったら，2脚が余り，全員がちょうど座る
　　ことができました。長いすの数と生徒の人数を求めなさい。

長いす（　　　　　　　　）
生徒（　　　　　　　　）

ヒント

❶
ある数を x とすると，
（x の5倍から2をひ
いた数）＝（x の2倍か
ら5をひいた数）とな
ります。

❷
りんごの個数を x 個と
すると，ももの個数は，
（$23-x$）個と表せます。

テスト得ダネ
問題文から式をつく
れないときは，図を
かいてみましょう。

❸
(1)子どもの人数を x 人
として，みかんの個
数を2通りの方法で
表し，方程式をつく
ります。

ミスに注意
求めた解が問題に合
うかどうか，解を式
に代入して確かめま
しょう。

❹
長いすの数を x 脚と
して，生徒の人数につ
いて方程式を立てます。
6人ずつ座ったときに
使った長いすは，
（$x-2$）脚と表せます。

【速さの問題を1次方程式を使って解決しよう①(時間)】

❺ A さんと A さんの兄は，家から歩いて駅に行きます。

A さんは分速 70 m で先に出発し，兄が 12 分後に分速 100 m で追いかけると，A さんと兄は同じ時刻に駅に着きました。兄が家を出発してから駅に着くまでにかかった時間は何分ですか。

（　　　　　　　　　　）

ヒント

❺

兄が A さんに追いつくのは，(A さんが歩いた道のり)＝(兄が歩いた道のり)となるときです。

テスト得ダネ

方程式を立てるときは，問題の文章から等しい関係にある数量を探しましょう。

【速さの問題を1次方程式を使って解決しよう②(道のり)】

❻ 地点 A から 12 km 離れた地点 B まで行くのに，途中の地点 P までは時速 6 km で歩き，地点 P から地点 B までは時速 3 km で歩いて，全部で 3 時間 30 分かかりました。地点 A，P 間の道のりを求めなさい。

（　　　　　　　　　　）

❻

地点 A，P 間の道のりを x km とすると，地点 P，B 間の道のりは，$(12-x)$ km と表せます。

【1次方程式の解の意味を考えよう①(年齢)】

❼ 現在 A さんは 13 歳，B さんは 45 歳です。

B さんの年齢が A さんの年齢の 5 倍であるのはいつか求めなさい。

（　　　　　　　　　　）

❼

今から x 年後とすると，A さんの x 年後の年齢は，$(13+x)$ 歳，B さんの x 年後の年齢は，$(45+x)$ 歳と表せます。

【1次方程式の解の意味を考えよう②(比例式)】

❽ 2 つの水槽 A，B に水が 16 L ずつ入っています。この水槽 A から水槽 B に水を移して，水槽 A と B に入っている水のかさの比が 3：5 になるようにします。水は何 L 移せばよいですか。

（　　　　　　　　　　）

❽

水を x L 移すとすると，移したあとの水槽 A の水は，$(16-x)$ L，水槽 B の水は，$(16+x)$ L と表せます。

3章

Step 3 予想テスト | **3章 1次方程式**

30分 /100点 目標80点

❶ 次の⑦〜㋺のなかで，解が -2 である方程式をすべて選びなさい。**知** 5点(完答)

⬜

⑦ $3x-5=1$ ⑦ $-6+4=-2$ ⑨ $x+2=0$

㋑ $4x+8$ ㋺ $-x-6=5x+6$

❷ 右の式は，移項を使って，方程式 $-7+3x=10x$ を解く
手順を示しています。(1)，(2)の手順は，それぞれ何をど
のように移項しているかを答えなさい。**知** 10点(各5点)

$$-7+3x=10x$$
$$3x=10x+7 \quad ⬜(1)$$
$$3x-10x=7 \quad ⬜(2)$$

❸ 次の方程式を解きなさい。**知** 40点(各5点)

⬜(1) $x+5=3$ ⬜(2) $2x=-10$

⬜(3) $4x+9=7x$ ⬜(4) $-8x+20=12-6x$

⬜(5) $3(x-2)+8=29$ ⬜(6) $9(x-5)-4(x+3)=-9$

⬜(7) $0.5x-1.3=x-2.8$ ⬜(8) $\dfrac{x}{4}-2=\dfrac{x}{5}-\dfrac{1}{2}$

❹ 次の比例式を解きなさい。**知** 15点(各5点)

⬜(1) $x:18=3:2$ ⬜(2) $15:(x-6)=5:6$ ⬜(3) $\dfrac{x}{2}:4=7:8$

❺ クラス会の費用に，1人500円ずつ集めると1500円不足し，600円ずつ集めると2300円余
⬜ るそうです。クラスの人数は何人ですか。**知** **考** 10点

❻ 地点 A から地点 B まで行くのに，時速 8km で走ったら，時速 5km で歩いたときよりも，45 分早く着きました。地点 A から地点 B までの道のりを求めなさい。【知】【考】

10点

❼ あめが，ふくろ A とふくろ B に 30 個ずつ入っています。ふくろ A からふくろ B にあめを何個か移して，ふくろ A とふくろ B に入っているあめの個数の比が 5：7 になるようにします。あめを何個移せばよいですか。【知】【考】

10点

❶		
❷	(1)	(2)
❸	(1)	(2)	(3)
	(4)	(5)	(6)
	(7)	(8)	
❹	(1)	(2)	(3)
❺	答
❻	答
❼	答

Step 1 基本チェック　1節 量の変化／2節 比例

15分

教科書のたしかめ　[　]に入るものを答えよう！

1節 量の変化　▶教 p.126-129　Step 2 ❶❷

解答欄

□(1)　x の変域が 2 以上 8 以下の数であるとき，その変域を不等号を使って表すと，[$2 \leqq x \leqq 8$]

(1)

□(2)　x の変域が −3 より大きく 4 未満の数であるとき，その変域を不等号を使って表すと，[$-3 < x < 4$]

(2)

2節 比例　▶教 p.130-144　Step 2 ❸-❾

□(3)　1辺 x cm の正三角形の周の長さが y cm であるとき，y を x の式で表すと[$y=3x$]で，比例定数は[3]

(3)

□(4)　y が x に比例しているとき，次の表を完成させなさい。

x	…	−3	−2	−1	0	1	…
y	…	[9]	6	[3]	[0]	[−3]	…

(4)

□(5)　$y=ax$ のグラフは，比例定数が正の数のとき，[原点]を通る[右上がり]の直線である。

(5)

□(6)　$y=-2x$ のグラフをかきなさい。

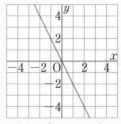

(6)

□(7)　y が x に比例し，$x=4$ のとき $y=-20$ である。y を x の式で表すと[$y=-5x$]

(7)

教科書のまとめ　＿＿に入るものを答えよう！

□ ともなって変わる2つの数量 x，y があって，x の値を決めると，それに対応して y の値がただ1つに決まるとき，y は x の関数である という。

□ いろいろな値をとることができる文字を 変数 といい，変数のとりうる値の範囲を，その変数の 変域 という。

□ y が x の関数で，変数 x と y の関係が $y=ax$ （a は定数，$a \neq 0$）で表されるとき，y は x に 比例 するという。このとき a を 比例定数 という。

□ $y=ax$ のグラフは，原点 を通る直線である。
　$a > 0$ のとき，右上がりの直線で，x の値が増加すると，対応する y の値も増加する。
　$a < 0$ のとき，右下がりの直線で，x の値が増加すると，対応する y の値は減少する。

Step 2 予想問題 ： **1節 量の変化／2節 比例**

1ページ 30分

【ともなって変わる2つの量】

❶ 次の(1)～(3)で，y が x の関数であるものには○を，そうでないものには×を書きなさい。

□(1)　50cm のひもを x cm 切ったときの残りの長さ y cm　（　　　）

□(2)　1本 x 円のジュースを3本買うときの代金が y 円　（　　　）

□(3)　身長 x cm の人の体重 y kg　（　　　）

ヒント

❶
x の値を決めると，y の値がただ1つに決まるかどうかを考えます。

【2つの数量の関係の調べ方（変数と変域）】

❷ 30L 入る空の水槽に，毎分 2L ずつ水を入れ，満水になったら水を止めます。水を入れ始めてから x 分後の水の量を yL とします。

□(1)　x の値に対応する y の値を求めなさい。

x （分）	0	1	2	…	5	…	15
y （L）	0	2	4	…	㋐	…	㋑

㋐（　　　　　）

㋑（　　　　　）

□(2)　満水になるのは何分後ですか。

（　　　　　）

□(3)　x の変域を不等号を使って表しなさい。

（　　　　　）

□(4)　y の変域を不等号を使って表しなさい。

（　　　　　）

❷
(1)x の値が5倍になると，y の値も5倍になります。

(3)x の変域は，0から満水になるまでのすべての数です。

【比例の意味】

❸ 次の(1)，(2)について，y を x の式で表しなさい。また，比例定数を答えなさい。

□(1)　プールに，毎分 $0.5\,\mathrm{m}^3$ の水を x 分間入れたときの水の体積 $y\,\mathrm{m}^3$

式（　　　　　）　比例定数（　　　　　）

□(2)　ばねばかりののびは，おもりの重さに比例し，100g のおもりをつるしたところ，ばねは 1.5cm のびました。

　x g のおもりをつるしたときのばねののび y cm

式（　　　　　）　比例定数（　　　　　）

❸
(1)水の体積は，
(1分間で入る水の量)×(時間)

(2)1g でばねが何 cm のびるかに注目します。

【比例と比例定数】

❹ 次の(1)，(2)で，y は x に比例しています。表を完成させなさい。また，それぞれの比例定数を答えなさい。

□(1)

x		-2	-1	0	1	
y	-9		-3			6

比例定数（ 　　　　 ）

□(2)

x		-2	-1	0	1	2
y	1		$\frac{1}{3}$			

比例定数（ 　　　　 ）

❹ x，y，両方の値がわかっているところに注目します。

【座標①】

❺ 右の図の点 A，B，C，D，E，O の座標を答えなさい。
□

A（ 　　　　 ）

B（ 　　　　 ）

C（ 　　　　 ）

D（ 　　　　 ）

E（ 　　　　 ）

O（ 　　　　 ）

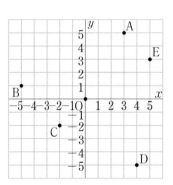

❺ y 軸から左右へどれだけ離れているかが x 座標です。
x 軸から上下へどれだけ離れているかが y 座標です。

【座標②】

❻ 次の(1)〜(4)の点の位置を，右の座標平面上に示しなさい。

□(1)　F$(-4,\ 5)$

□(2)　G$(4,\ -3)$

□(3)　H$(-5,\ 0)$

□(4)　I$(0,\ 2)$

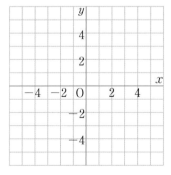

❻ （ ）内の左側が x 座標，右側が y 座標を表しています。

［解答 ▶ p.14］

【比例のグラフ】

❼ 次の(1)～(4)のグラフをかきなさい。

□(1)　$y = x$

□(2)　$y = \dfrac{1}{2}x$

□(3)　$y = -3x$

□(4)　$y = -\dfrac{2}{3}x$

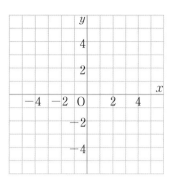

● ヒント

❼

$y = ax$ で, $a > 0$ のときはグラフは右上がり, $a < 0$ のときはグラフは右下がりになります。

【比例の式の求め方①(条件から式を求めること)】

❽ y が x に比例しています。次の(1), (2)の場合について, y を x の式で表しなさい。

□(1)　$x = 5$ のとき $y = -10$

(　　　　　　　　　　)

□(2)　$x = -4$ のとき $y = -16$

(　　　　　　　　　　)

❽

$y = ax$ に, x, y の対応する値を代入します。

⊗ ミスに注意

代入するときに, x と y の値を逆に代入してしまわないように注意しましょう。

【比例の式の求め方②(グラフから式を求めること)】

❾ グラフが右の(1)～(4)の直線であるとき, x と y の関係を表す式をそれぞれ求めなさい。

□(1)　(　　　　　　　　　　)

□(2)　(　　　　　　　　　　)

□(3)　(　　　　　　　　　　)

□(4)　(　　　　　　　　　　)

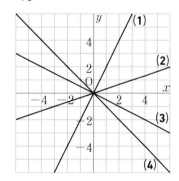

❾

直線が通る点の座標を読み取ります。

🗒 テスト得ダネ

グラフをかく問題, 逆に, グラフから x と y の関係を表す式を求める問題はよく出ます。比例定数の意味を理解しておきましょう。

4 章

Step 1 基本チェック 　**3節 反比例／4節 関数の利用**　⏱ 15分

教科書のたしかめ　[　]に入るものを答えよう！

3節 反比例　▶教 p.145-154　Step 2 ❶-❽

□(1) 面積 30cm^2 の長方形の縦の長さを x cm，横の長さを y cm とするとき，y を x の式で表すと $\left[\ y=\dfrac{30}{x}\ \right]$，比例定数は $[\ 30\ ]$

□(2) $y=\dfrac{a}{x}$ のグラフが右の図のような双曲線であるとき，比例定数 a は，$a\,[\ <\ ]\,0$ である。

□(3) $y=\dfrac{3}{x}$ のグラフをかきなさい。

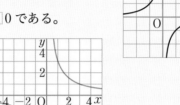

□(4) y が x に反比例し，$x=5$ のとき $y=3$ である。

y を x の式で表すと $\left[\ y=\dfrac{15}{x}\ \right]$

4節 関数の利用　▶教 p.156-159　Step 2 ❾❿

□(5) 時速 50 km で走る自動車で x 時間走ると y km 進む。x と y の関係を式で表すと $[\ y=50x\ ]$ となる。

□(6) 100 km の道のりを時速 x km で走ると y 時間かかる。x と y の関係を式で表すと $\left[\ y=\dfrac{100}{x}\ \right]$ となる。

解答欄

(1)　　　／

(2)

(3)

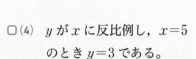

(4)

(5)

(6)

教科書のまとめ　＿＿に入るものを答えよう！

□ y が x の関数で，変数 x と y の関係が $y=\dfrac{a}{x}$ （a は定数，$a\neq0$）で表されるとき，y は x に 反比例 するという。このとき a を 比例定数 という。

□ $y=\dfrac{a}{x}$ のグラフは，右の図のような座標軸にそって限りなく延びる1組のなめらかな曲線で，双曲線 という。

$a\,\geq\,0$ のとき，x の値が同じ符号の範囲内で，x の値が増加すると，対応する y の値は減少する。

$a\,\leq\,0$ のとき，x の値が同じ符号の範囲内で，x の値が増加すると，対応する y の値は増加する。

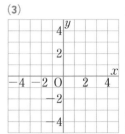
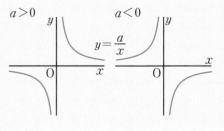

3節 反比例／4節 関数の利用

1ページ
30分

【反比例の意味①（反比例の表）】

❶ 砂場に $1200\,\mathrm{kg}$ の砂を入れます。下の表は，毎分 $x\,\mathrm{kg}$ ずつ砂を入れたときにかかる時間を y 分として表したものです。

$x\,(\mathrm{kg})$	10	15	20	25	30
$y\,(分)$	120	㋐	60	㋑	40

□(1) ㋐，㋑の数を求めなさい。

㋐（　　　　　　）㋑（　　　　　　）

□(2) y を x の式で表しなさい。また，比例定数を答えなさい。

式（　　　　　　　　　　）比例定数（　　　　　）

【反比例の意味②（反比例の式①）】

❷ 次の㋐〜㋤で，y が x に反比例するものはどれですか。すべて選びなさい。
□

㋐　$y = \dfrac{x}{6}$　　　　　　　㋑　$y = 6x$

㋒　$y = -\dfrac{6}{x}$　　　　　　㋤　$y = \dfrac{6}{x}$

（　　　　　　　　）

【反比例の意味③（反比例の式②）】

❸ 次の(1)〜(3)について，y を x の式で表しなさい。
また，y が x に反比例するものには○，反比例しないものには×を書き，反比例するものについては，その比例定数も書きなさい。

□(1) 底辺が $x\,\mathrm{cm}$，高さが $y\,\mathrm{cm}$ の三角形の面積が $20\,\mathrm{cm}^2$

（　　　　　　　　　　　　　　　　）

□(2) $150\,\mathrm{km}$ 離(はな)れた地点に，時速 $x\,\mathrm{km}$ で行くときにかかる時間が y 時間

（　　　　　　　　　　　　　　　　）

□(3) $900\,\mathrm{mL}$ のジュースを，$x\,\mathrm{mL}$ 飲んだときの残りが $y\,\mathrm{mL}$

（　　　　　　　　　　　　　　　　）

ヒント

❶
かかる時間は，
（砂場に入れる砂全体の重さ）÷（毎分入れる砂の重さ）
比例定数は，砂場に入れる砂全体の重さを表します。

❷
x と y の関係が $y = \dfrac{a}{x}$ で表されるものが反比例です。

❸
(1)（三角形の面積）
　＝（底辺）×（高さ）÷2
(2)（時間）
　＝（道のり）÷（速さ）

4章

出るよく（たて書き）

【反比例のグラフ①】

❹ 次の(1)，(2)のグラフをかきなさい。

□(1) $y = \dfrac{12}{x}$

□(2) $y = -\dfrac{3}{x}$

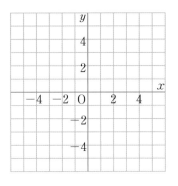

❹

なめらかな曲線をかきます。

✖ ミスに注意

反比例のグラフは双曲線なので，点と点を直線で結ばないようにしましょう。

【反比例のグラフ②】

❺ 次の(1)～(4)は，それぞれ右のグラフの⑦～⑤のどれですか。

□(1) $y = \dfrac{2}{x}$　　□(2) $y = -\dfrac{2}{x}$

　　(　　　)　　　　　　(　　　)

□(3) $y = -\dfrac{4}{x}$　　□(4) $y = \dfrac{4}{x}$

　　(　　　)　　　　　　(　　　)

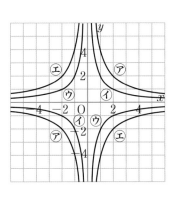

❺

それぞれの式の x に同じ値を代入したときの y の値をみます。

【反比例の式の求め方①(条件から式を求めること)】

❻ y が x に反比例しています。次の(1)，(2)の場合について，y を x の式で表しなさい。

□(1) $x=2$ のとき $y=5$

　　　　　　　　　　　(　　　　　　　　　)

□(2) $x=-3$ のとき $y=4$

　　　　　　　　　　　(　　　　　　　　　)

❻

y が x に反比例しているから $y=\dfrac{a}{x}$ と考えます。

【反比例の式の求め方②】

❼ 反比例のグラフが点 P(3，−6) を通ります。

□(1) このグラフの式を求めなさい。

　　　　　　　　　　　(　　　　　　　　　)

□(2) x の値が2倍，3倍，4倍，……になると，対応する y の値はどのように変わりますか。

　　　　　　　　　　　(　　　　　　　　　)

❼

(1)x 座標が3，y 座標が −6 です。

テスト得ダネ

「グラフが点(△，□)を通る」と「$x=$ △ のとき $y=$ □」は同じ意味だと理解しておきましょう。

【反比例の式の求め方③(グラフから式を求めること)】

 ❽ グラフが右の(1)，(2)の双曲線である
とき，x と y の関係を表す式をそれ
ぞれ求めなさい。

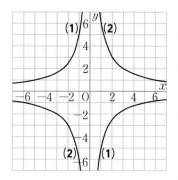

☐(1) (　　　　　　　　)

☐(2) (　　　　　　　　)

❽

双曲線のグラフから x
と y の関係を表す式を
求めるには，双曲線が
通る1つの点の座標を
もとにして，比例定数
を求めます。

【進行のようすを調べよう】

❾ A さんは，学校から家までの 1200 m の
道のりを歩いて帰りました。右のグラフ
は，そのようすを示したものです。

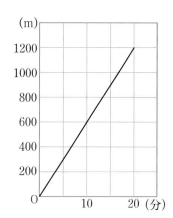

☐(1)　A さんの歩いた速さを求めなさい。
(　　　　　　　　)

☐(2)　A さんが学校を出発してから x 分後
に y m 進んだとして，y を x の式で表
しなさい。
(　　　　　　　　)

☐(3)　x，y の変域を，それぞれ求めなさい。
x の変域(　　　　　　)　y の変域(　　　　　　)

☐(4)　A さんは出発してから 15 分後に学校から何 m 離れた地点にいま
したか。
(　　　　　　　　)

❾
(1) 1分あたり何 m 進
んだかを考えます。
(2)グラフは原点を通る
直線なので，$y=ax$
と表されます。
(4) $x=15$ のときの y
の値を求めます。

4章

【図形の面積の変わり方を調べよう】

 ❿ 右のような正方形 ABCD の辺 BC 上を，点 P
が B から C まで進みます。BP の長さが x cm
のときの三角形 ABP の面積を y cm² とします。

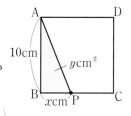

☐(1)　y を x の式で表しなさい。
(　　　　　　　　)

☐(2)　x，y の変域を，それぞれ求めなさい。
x の変域(　　　　　　)　y の変域(　　　　　　)

☐(3)　三角形 ABP の面積が 35 cm² になるのは，BP の長さが何 cm の
ときですか。
(　　　　　　　　)

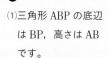
❿
(1)三角形 ABP の底辺
は BP，高さは AB
です。
(2) x，y の値は，P が
C まで進んだときに，
それぞれ最大になり
ます。
(3) $y=35$ のときの x
の値を求めます。

Step 3 予想テスト ┊ **4章 量の変化と比例，反比例**

 30分　／100点　目標80点

❶ 次の(1)〜(4)のような x と y の関係を表す式を，下の⑦〜⑰の中からすべて選びなさい。知

12点（各3点，完答）

- □(1)　y が x に比例する。
- □(2)　y が x に反比例する。
- □(3)　グラフが原点を通る右下がりの直線である。
- □(4)　x の値が $x<0$ の範囲内で増加すると，対応する y の値は減少する。

⑦　$y=4x$　　⑦　$y=-4x$　　⑦　$y=\dfrac{1}{4}x$　　⑦　$y=-\dfrac{1}{4}x$　　⑦　$y=\dfrac{4}{x}$　　⑦　$y=-\dfrac{4}{x}$

❷ 次の(1)，(2)について，y を x の式で表しなさい。また，その比例定数も答えなさい。知

12点（各3点）

- □(1)　底辺 $6\,\mathrm{cm}$，高さ $x\,\mathrm{cm}$ の三角形の面積が $y\,\mathrm{cm}^2$
- □(2)　$80\,\mathrm{km}$ の道のりを時速 $x\,\mathrm{km}$ で走るときにかかる時間が y 時間

❸ 次の(1)，(2)に答えなさい。知

18点（各3点）

- □(1)　右の図の点 A，B，C の座標を答えなさい。
- □(2)　次の点の位置を座標平面上に示しなさい。

　　　　$P(-1,\ 4)$　　$Q(3,\ 0)$　　$R(-3,\ -5)$

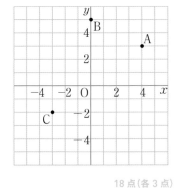

❹ 次の(1)，(2)に答えなさい。知

18点（各3点）

- □(1)　グラフが右の図の⑦〜⑰であるとき，x と y の関係を表す式をそれぞれ求めなさい。
- □(2)　次のグラフをかきなさい。

　　　① $y=\dfrac{4}{3}x$　　② $y=-5x$　　③ $y=\dfrac{9}{x}$

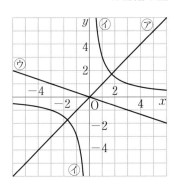

⑤ 次の(1)〜(4)に答えなさい。 [知]　　　　　　　　16点(各4点)

☐(1)　y が x に比例し，$x=4$ のとき $y=-24$ です。このとき，y を x の式で表しなさい。

☐(2)　y が x に反比例し，$x=3$ のとき $y=-6$ です。このとき，y を x の式で表しなさい。

☐(3)　y が x に比例し，$x=4$ のとき $y=2$ です。$x=-3$ のときの y の値を求めなさい。

☐(4)　y が x に反比例し，$x=6$ のとき $y=5$ です。$x=2$ のときの y の値を求めなさい。

⑥ 家から $2.6\,\mathrm{km}$ 離れた公園まで，分速 $65\,\mathrm{m}$ の速さで歩いたとき，出発してから x 分後まで
に進んだ道のりを $y\,\mathrm{m}$ とします。 [知] [考]　　　　　24点(各3点)

☐(1)　右の表の⑦〜⑤をうめなさい。

x (分)	0	1	2	3	…
y (m)	⑦	⑦	⑦	⑤	…

☐(2)　y を x の式で表しなさい。

☐(3)　出発してから 12 分後には，家から何 m 離れた地点にいましたか。

☐(4)　x，y の変域を不等号を使って表しなさい。

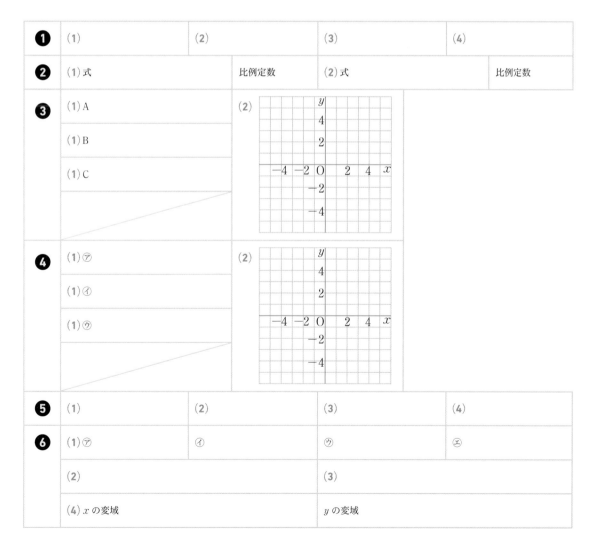

❶	(1)		(2)		(3)		(4)	
❷	(1)式		比例定数	(2)式			比例定数	
❸	(1)A		(2)					
	(1)B							
	(1)C							
❹	(1)⑦		(2)					
	(1)⑦							
	(1)⑦							
❺	(1)		(2)		(3)		(4)	
❻	(1)⑦		⑦		⑦		⑤	
	(2)				(3)			
	(4) x の変域				y の変域			

❶ ／12点　❷ ／12点　❸ ／18点　❹ ／18点　❺ ／16点　❻ ／24点

Step 1 基本チェック　1節 平面図形とその調べ方

⏱ 15分

教科書のたしかめ　[ ]に入るものを答えよう！

1節 平面図形とその調べ方 ▶ 教 p.166-177　Step 2 ❶-❹

解答欄

☐(1)　2点 A，B を通る直線を[直線 AB]という。

(1) _____

☐(2)　右の線を[半直線 AB]という。　A———————•B

(2) _____

☐(3)　線分 AB の長さを2点 A，B 間の[距離]という。

(3) _____

☐(4)　線分 AB の長さが線分 AC の長さの2倍であるとき，
　　　AB＝[2AC]と表す。

(4) _____

☐(5)　右の図で，∠a を，O，A，B を使って表すと，
　　　∠[BOA(AOB)]となる。

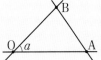

(5) _____

☐(6)　∠AOB が 60°であることを，[∠AOB＝60°]と表す。

(6) _____

☐(7)　2直線 ℓ，m が交わらないとき，直線 ℓ と m は[平行]であると
　　　いい，ℓ[∥]m と表す。

(7) _____

☐(8)　2直線 ℓ，m が直角に交わっているとき，直線 ℓ と m は[垂直]
　　　であるといい，ℓ[⊥]m と表す。

(8) _____

☐(9)　円の接線は，その接点を通る半径に[垂直]である。

(9) _____

☐(10)　半径 4cm，中心角 90°のおうぎ形で，弧の長さは，

$$2\pi \times [\ 4\ ] \times \frac{90}{360} = [\ 2\pi\ ](\text{cm})$$

(10) _____

　　　面積は，$\pi \times [\ 4^2\ ] \times \dfrac{90}{360} = [\ 4\pi\ ](\text{cm}^2)$

_____

教科書のまとめ　___に入るものを答えよう！

☐ 点が動いた跡にできるものを 線 といい，線と線とが交わる点を 交点 という。

☐ 点 P から直線 ℓ に垂線をひき，ℓ との交点を A とするとき，線分 PA の長さを点 P と直線 ℓ との 距離 という。

☐ 円周上の2点 A，B を両端とする，円周の一部分を 弧 AB といい，$\overgroup{\text{AB}}$ と表す。円周上の2点 A，B を結ぶ線分を 弦 AB という。

☐ **円周の長さと面積**　半径 r の円で，円周の長さを ℓ，円の面積を S とすると，
　　円周の長さ　$\ell = 2\pi r$，面積　$S = \pi r^2$

☐ 1つの円では，おうぎ形の弧の長さや面積は 中心角 の大きさに比例する。

☐ **おうぎ形の弧の長さと面積**　半径を r，中心角を $a°$とすると，

　　弧の長さ　$\ell = 2\pi r \times \dfrac{a}{360}$，面積　$S = \pi r^2 \times \dfrac{a}{360}$

Step 2　予想問題　1節 平面図形とその調べ方

1ページ
30分

【直線，半直線，線分】

❶ 右の図のように，4点 A，B，C，D があります。

□(1)　線分 AB と直線 CD は交わりますか。

（　　　　　　　　　）

□(2)　直線 AB と半直線 DC は交わりますか。

（　　　　　　　　　）

❶

(2)半直線は，1点を端として一方にだけ延びています。

ミスに注意

半直線 CD と半直線 DC のちがいに気をつけましょう。

【直線がつくる角】

❷ 右の図で，∠a, ∠b, ∠c, ∠d を，A, B, C, D を使って表しなさい。

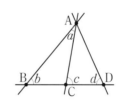

∠a（　　　　　　）　∠b（　　　　　　）

∠c（　　　　　　）　∠d（　　　　　　）

❷

角は3つの点の記号を使って表します。

5章

【平面上の2直線と距離，円と直線】

❸ 右の図は，直径が 4 cm の円 O に直線 ℓ, m, n をひき，その交点を点 A, B, C とし，直線 n 上に点 D をとったものです。

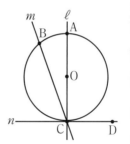

□(1)　円 O の接線はどれですか。

（　　　　　　　　　）

□(2)　∠ACD の大きさを答えなさい。　（　　　　　　）

□(3)　弦 BC と弦 AC では，どちらの方が長いですか。

（　　　　　　　　　）

□(4)　点 O と直線 n との距離は何 cm ですか。　（　　　　　）

❸

(2)円の接線はその接点を通る半径に垂直です。

(3)弦 AC は，直径と等しくなっています。

【円とおうぎ形】

❹ 半径 5 cm，弧の長さが 4π cm のおうぎ形の中心角と面積を求めなさい。

中心角（　　　　　　）　面積（　　　　　　）

❹

半径を r，中心角を a° とすると，弧の長さ

$\ell = 2\pi r \times \dfrac{a}{360}$

面積 $S = \pi r^2 \times \dfrac{a}{360}$

Step 1 基本チェック ・ 2節 図形と作図

15分

教科書のたしかめ [ ]に入るものを答えよう！

2節 図形と作図 ▶ 教 p.178-188 Step 2 ❶-❺

解答欄

□(1) 線分 AB の垂直二等分線上の点は，2点 A，B までの距離が［等しく］なる。

(1)

□(2) 右の図の線分 AB の垂直二等分線の作図の手順

❶ 点 A を中心として，適当な半径の［円］をかく。

❷ 点 B を中心として，❶と［等しい］半径の円をかき，❶との交点を P，Q とする。

❸ 直線［PQ］をひく。

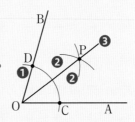

(2)

□(3) ∠AOB の二等分線上の点は，2つの［半直線］OA，OB までの距離が等しくなる。

(3)

□(4) 右の図の ∠AOB の二等分線の作図の手順

❶ 点［O］を中心とする円をかき，半直線 OA，OB との交点をそれぞれ C，D とする。

❷ 点 C，D をそれぞれ中心とし，半径が等しい円を［交わる］ようにかき，∠AOB の内部にあるその交点を P とする。

❸ 半直線［OP］をひく。

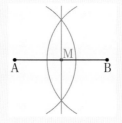

(4)

□(5) 右の図の線分 AB の中点 M を作図しなさい。

(5)

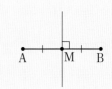

教科書のまとめ ＿＿に入るものを答えよう！

□右の図のように AM＝BM であるとき，点 M を線分 AB の 中点 という。また，中点 M を通り，AB に垂直な直線を線分 AB の 垂直二等分線 という。

□右の図のように，∠AOP＝∠BOP である半直線 OP を，∠AOB の 二等分線 という。

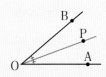

Step
2　予想問題　　**2 節 図形と作図**

1ページ
30分

【線分の垂直二等分線①】

❶ 右の図の △ABC に，辺 BC の垂直二等分線を
□　作図しなさい。

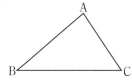

【線分の垂直二等分線②，角の二等分線】

❷ 右の図に，∠XOY の内部にあって，OX，
□　OY から等しい距離にあり，2 点 A，B か
　らも等しい距離にある点Cを作図しなさい。

【いろいろな作図①(垂線)】

❸ 右の図の △ABC に，点 P を通る辺 BC の
□　垂線を作図しなさい。

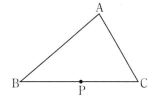

【いろいろな作図②(円の接線)】

❹ 右の図に，円 O の円周上の点 P を通る接線を
□　作図しなさい。

【いろいろな作図③(角の作図)】

❺ 右の図に，∠AOB＝30°になるように
□　作図しなさい。

ヒント

❶
どの点を中心として，
コンパスを使うかを考
えます。

テスト得ダネ
垂直二等分線の作図
はよく出題されます。
手順をしっかり理解
しておきましょう。

❷
辺 OX，OY から等し
い距離にあることと，
2 点 A，B から等しい
距離にあることに分け
て考えます。

ミスに注意
点 C の記号を忘れ
ずにかきましょう。

❸
角の二等分線の作図の
手順を使います。

❹
点 P を通る接線と線
分 OP は垂直になりま
す。

❺
30°の角は 60°の角の二
等分線と考えて作図し
ます。60°の角は，正
三角形の作図を利用し
ましょう。

教科書のたしかめ   [ ]に入るものを答えよう！

❶ いろいろな移動   ▶ 教 p.190-191   Step 2 ❶

解答欄

□(1) 右下の図で，図形アを平行移動させて重なる図形は，図形[キ]

(1)

□(2) 右の図で，図形アを点Oを中心として180°
回転移動させて重なる図形は，図形[ク]

(2)

□(3) 右の図で，図形アを直線ABを対称軸として
対称移動させて重なる図形は，図形[エ]

(3)

❷ 移動させた図形ともとの図形   ▶ 教 p.192-193   Step 2 ❷-❹

□(4) ㋐の図で，△ABC を △A'B'C' に
平行移動したとき，辺BCと平行
な辺は，辺[B'C']

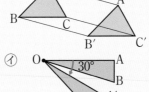

(4)

□(5) ㋑の図で，△OAB を △OA'B' に
点Oを中心として，30°回転移動
したとき，∠BOB'の角度は[30°]

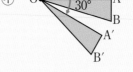

(5)

□(6) ㋒の図で，△ABC を △A'B'C' に
直線ℓを対称軸として対称移動し
たとき，線分BPと長さの等しい
線分は，線分[B'P]

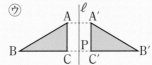

(6)

❸ 図形の移動   ▶ 教 p.194-195   Step 2 ❶-❹

□(7) 右の図で，△ABC をア，
イ，ウの順に移動したと
き，点Aはウの三角形の
点[E]に移ったという。

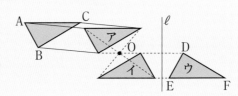

(7)

....

教科書のまとめ   ___に入るものを答えよう！

□ある図形をその形や大きさを変えずにほかの位置に動かすことを， 移動 という。

□図形をある方向に一定の長さだけずらす移動を， 平行移動 という。

□図形をある定まった点Oを中心として，一定の角度だけ回す移動を 回転移動 という。この点
Oを 回転の中心 という。

□回転移動の中で，180°の回転移動を 点対称移動 という。

□図形をある定まった直線ℓを軸として裏返す移動を， 対称移動 という。
この直線ℓを 対称軸 という。

Step 2 予想問題　3 節 図形の移動

1ページ
30分

【いろいろな移動】

❶ 右の図は，図形 ① を移動させてつくった
ものです。

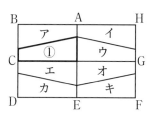

□(1)　図形 ① を対称移動させて重なる図形
は，ア〜キのうちどれですか。あてはま
るものをすべてあげ，そのときの対称軸
も答えなさい。　（　　　　　　　　　）

□(2)　図形 ① を平行移動 1 回，対称移動 1 回の順に移動させて重なる
図形は，ア〜キのうちどれですか。あてはまるものをすべてあげな
さい。ただし，対称軸は線分 AE または線分 CG とします。

（　　　　　　　　　）

【移動させた図形ともとの図形①（平行移動）】

❷ 次の △ABC を，矢印 PQ の方向に，線分 PQ の長さだけ平行移動さ
□ せてできる △A'B'C' をかきなさい。

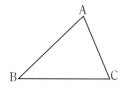

【移動させた図形ともとの図形②（回転移動）】

❸ 右の △ABC を，点 O を中心
□ として反時計回りに 90°回転
移動させてできる △A'B'C'
をかきなさい。

【移動させた図形ともとの図形③（対称移動）】

❹ 次の △ABC を，直線 ℓ を対
□ 称軸として，対称移動させて
できる △A'B'C' をかきなさい。

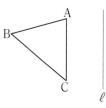

ヒント

❶
(2)あてはまる図形は 2
つあります。

5章

❷
線分 AA'，BB'，CC' は，
線分 PQ と平行で，長
さが等しい線分になり
ます。

✕ ミスに注意
A'，B'，C' の記号を
忘れずにかきましょ
う。

❸
∠AOA'，∠BOB'，
∠COC' がそれぞれ
90°になります。

✕ ミスに注意
回転の向きに気をつ
けましょう。

❹
直線 ℓ は，線分 AA'
を 2 等分します。

Step 3 予想テスト ：**5章 平面の図形**

⏱ 30分　目標80点　／100点

❶ 次の（　）にあてはまることばや記号を書きなさい。 [知]　　15点(各3点)

☐(1)　直線の一部分で，1点を端として一方にだけ延びたものを（　）といいます。

☐(2)　円周上の2点を結ぶ線分を（　）といいます。

☐(3)　2直線 ℓ，m が垂直であることを，記号を使って（　）と表します。

☐(4)　円と直線とが1点で交わるとき，この直線を円の（　）といいます。

☐(5)　線分 AB 上の点で，AM＝BM であるとき，点 M を線分 AB の（　）といいます。

❷ 右の図で，∠a，∠b，∠c，∠d，∠e を，O，A，B，C，D を使って表しなさい。 [知]　30点(各6点)

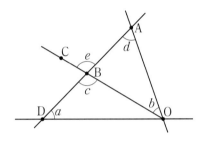

☐(1)　∠a

☐(2)　∠b

☐(3)　∠c

☐(4)　∠d

☐(5)　∠e

❸ 次の(1)，(2)に答えなさい。 [知][考]　　20点(各5点)

☐(1)　半径 5cm，中心角 216°のおうぎ形の弧の長さと面積を求めなさい。

☐(2)　半径 12cm，弧の長さ 14πcm のおうぎ形の中心角と面積を求めなさい。

❹ 右の図で，図形アを次の ①〜③ の順に移動させた図形を記号で答えなさい。 [考]　　15点

☐
　① 点 B から点 T の方向に線分 BT の長さだけ平行移動させる。

　② 点 T を中心として，180°回転移動させる。

　③ 直線 DL を対称軸として，対称移動させる。

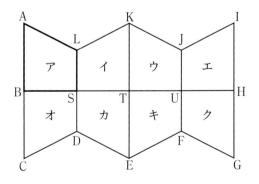

❺ 次の(1)，(2)を作図しなさい。 知 考　　　　　　　　　　　　　20点(各10点)

□(1)　辺 BC を底辺とみたときの，△ABC の高さ

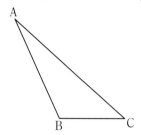

□(2)　∠XOY の辺 OX に点 A で接し，辺 OY にも接する円 P

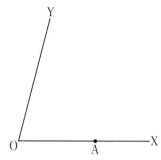

❶	(1)		(2)		(3)	
	(4)		(5)			
❷	(1)		(2)		(3)	
	(4)		(5)			
❸	(1)弧の長さ	面積		(2)中心角	面積	
❹						

❺	(1)	(2)

Step 1 基本チェック

- 1節 空間にある立体
- 2節 空間にある図形
- 3節 立体のいろいろな見方

 15分

教科書のたしかめ [ ]に入るものを答えよう！

1節 空間にある立体 ▶教 p.204-207 Step 2 ❶

□(1) 多面体のなかで，最も面の数が少ないのは[四面体]である。

□(2) 底面が正三角形である角柱を[正三角柱]という。

2節 空間にある図形 ▶教 p.208-213 Step 2 ❷❸

□(3) 右の直方体で，辺を直線，面を平面とみると，
直線 AB とねじれの位置にある直線は，
直線[EH，FG，CG，DH]である。
また，直線 AB がふくまれる面は，平面[ABCD，AEFB]である。

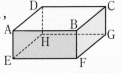

□(4) 空間にある直線と平面が1点で交わるとき，その点を直線と平面との[交点]という。

□(5) 空間にある直線と平面が交わらないとき，直線と平面とは，[平行]であるという。

3節 立体のいろいろな見方 ▶教 p.214-220 Step 2 ❹-❽

□(6) 円錐や円柱は，直角三角形，長方形を，それぞれ直線 ℓ のまわりに1回転させてできた立体で，このような立体を[回転体]といい，直線 ℓ を[回転の軸]という。

□(7) 右の投影図で，㋐を[立面図]，㋑を[平面図]という。
右の図で示される立体は，[四角錐]である。

㋐

㋑

□(8) 円錐の展開図では，側面の形は[おうぎ形]になる。

解答欄

(1)

(2)

(3)

(4)

(5)

(6)

(7)

(8)

教科書のまとめ ＿＿に入るものを答えよう！

□ いくつかの平面だけで囲まれた立体を， 多面体 という。

□ 角柱のうち，底面が正多角形である角柱を， 正角柱 という。

□ 右の㋐，㋑のような立体を 角錐 といい，㋒のような立体を 円錐 という。角錐のうち，底面が正多角形で，側面がすべて合同な二等辺三角形である角錐を， 正角錐 という。

㋐   ㋑   ㋒

□ すべての面が合同な正多角形で，どの頂点のまわりの面の数も同じである，へこみのない多面体を， 正多面体 という。

□ 空間にある2直線の位置関係は， 交わる ， 平行 ， ねじれの位置 のどれかになる。

□ 立体を正面から見たときの図を 立面図 ，真上から見たときの図を 平面図 といい，これらを合わせて 投影図 という。

Step 2 予想問題

:・ **1 節 空間にある立体**
:・ **2 節 空間にある図形**
:・ **3 節 立体のいろいろな見方**

1ページ
30分

【いろいろな立体】

❶ 次の(1), (2)に答えなさい。

□(1) 正四角柱は何面体ですか。

（　　　　　　　）

□(2) 六角錐は何面体ですか。

（　　　　　　　）

【直線，平面の位置関係】

よく出る

❷ 右の図は，直方体から三角柱を切り取った
立体です。辺を直線，面を平面とみて，次
の(1)〜(5)に答えなさい。

□(1) 直線 AB と交わる直線はどれですか。

（　　　　　　　）

□(2) 直線 AB と平行な平面はどれですか。

（　　　　　　　）

□(3) 直線 AB と垂直な平面はどれですか。

（　　　　　　　）

□(4) 直線 AB とねじれの位置にある直線はどれですか。

（　　　　　　　）

□(5) 面 ABCD と垂直な平面はどれですか。

（　　　　　　　）

ヒント

❶

面の数が 4 つ，5 つ，…
である多面体を，それ
ぞれ四面体，五面体，…
といいます。

⊗｜ミスに注意

角柱と角錐の区別を
しっかりとつけま
しょう。

❷

(3)平面に交わる直線が，
その交点を通る平面
上の 2 直線に垂直な
らば，その平面と直
線は垂直です。

(4)直線 AB と平行でな
く交わらない直線で
す。

📋テスト得ダネ

直線や平面の位置関
係の問題はよく出題
されます。直方体や
立方体，三角柱など
の辺，面の関係をつ
かんでおきましょう。

6章

【空間における垂直と距離】

❸ 右の図の六角柱の面を平面とみて，次の(1)〜(3)
に答えなさい。

□(1) 平面 ABCDEF と平面 GHIJKL との位置関係を
書きなさい。　（　　　　　　　）

□(2) 平面 ABCDEF と平面 AGHB との位置関係を
書きなさい。　（　　　　　　　）

□(3) 平行な 2 平面間の距離(きょり)を示している辺を 1 つ書きなさい。また，
その辺の長さは六角柱の何を表しているか書きなさい。

辺（　　　　　　　） 何を表すか（　　　　　　　）

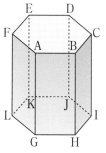

❸

(3)下の図で，線分 AB
の長さを平行な 2 平
面 P，Q 間の距離と
いいます。

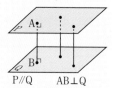

P//Q　　AB⊥Q

【動かしてできる立体】

❹ 次の(1)〜(3)の図形を，直線ℓを回転の軸として1回転させます。このときできる回転体の見取図を，右の⑦〜⑨から選んで記号で書きなさい。

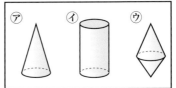

(1)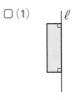

(2)

(3)

(　　　)　　(　　　)　　(　　　)

💡ヒント

❹
(2)直線ℓを軸として，2つの直角三角形を1回転させると考えます。

【立体の投影①】

❺ 右の見取図で表された正四角錐の投影図を完成させなさい。

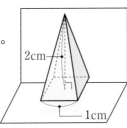

❺
立面図は立体を正面から見たときの図，平面図は立体を真上から見たときの図です。

【立体の投影②】

❻ 右の投影図で表される立体の名前を答えなさい。

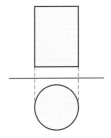

(　　　　　)

❻
投影図は立面図と平面図を合わせたものです。上にかかれているのが立面図，下にかかれているのが平面図です。

【角錐，円錐の展開図①】

❼ 右の図の正三角錐の展開図をかきなさい。

1.5cm
1cm

❼
底面が正三角形で，側面がすべて合同な二等辺三角形である角錐を正三角錐といいます。

【角錐，円錐の展開図②】

❽ 右の図は，底面の半径が2cm，母線の長さが5cmの円錐の展開図です。側面のおうぎ形の弧ABの長さを求めなさい。

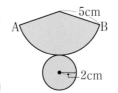
5cm
A B
2cm

(　　　　　)

❽
弧ABの長さは，どの長さと等しいかを考えます。

　　　　　　　　　　　　[解答 ▶ p.24]

Step 1　基本チェック　4節 立体の表面積と体積　5節 図形の性質の利用　15分

教科書のたしかめ　[ ]に入るものを答えよう！

4節 立体の表面積と体積　▶ 教 p.221-230　Step 2 ❶-❺

解答欄

□(1) 底面の半径が5cm，高さが8cm の円柱の
側面積は，$8×[\,2×π×5\,]=[\,80π\,]$(cm²)，
表面積は，$[\,2\,]×π×5^2+[\,80π\,]=[\,130π\,]$(cm²)

(1)

□(2) 底面の半径が4cm，母線の長さが12cm の円錐の
側面積は，$π×[\,12^2\,]×\dfrac{2×π×4}{2×π×12}=[\,48π\,]$(cm²)
表面積は，$π×[\,4^2\,]+[\,48π\,]=[\,64π\,]$(cm²)

(2)

□(3) 縦が2cm，横が5cm の長方形を底面とする，
高さが3cm の四角柱の体積は，
$2×5×[\,3\,]=[\,30\,]$(cm³)

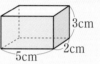

(3)

□(4) 底辺が5cm，高さが4cm の三角形を底面
とする，高さが6cm の三角錐の体積は，
$\dfrac{1}{2}×5×4×6×[\,\dfrac{1}{3}\,]=[\,20\,]$(cm³)

(4)

□(5) 底面の半径が6cm，高さが12cm の円錐の
体積は，
$π×[\,6^2\,]×12×[\,\dfrac{1}{3}\,]=[\,144π\,]$(cm³)

(5)

□(6) 半径5cm の球の表面積は，$[\,4\,]×π×5^2=[\,100π\,]$(cm²)
体積は，$[\,\dfrac{4}{3}\,]×π×5^3=[\,\dfrac{500}{3}\,]$(cm³)

(6)

5節 図形の性質の利用　▶ 教 p.231-233　Step 2 ❻

教科書のまとめ　＿＿に入るものを答えよう！

□立体の表面全体の面積を 表面積，側面全体の面積を 側面積 という。

□**角柱，円柱の体積**　底面積を S，高さを h とすると，体積　$V= Sh$

□**角錐，円錐の体積**　底面積を S，高さを h とすると，体積　$V=\dfrac{1}{3}Sh$

□**球の表面積**　球の半径を r，表面積を S とすると，$S= 4πr^2$

□**球の体積**　球の半径を r，体積を V とすると，$V=\dfrac{4}{3}πr^3$

6章

Step
2　予想問題

4節 立体の表面積と体積
5節 図形の性質の利用

1ページ
30分

【角柱，角錐の表面積】

❶ 次の立体の表面積を求めなさい。

□(1)　三角柱

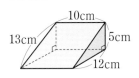

□(2)　正四角錐

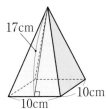

(　　　　　　　)　　　　　　　(　　　　　　　)

ヒント

❶
(1)角柱や円柱の表面積は，
2×(底面積)＋(側面積)
で求めます。

【円錐の表面積】

❷ 底面の半径が 3 cm，母線の長さが 12 cm の円錐があります。

□(1)　側面のおうぎ形の弧の長さと，中心角を求めなさい。

弧の長さ(　　　　　　)　中心角(　　　　　　)

□(2)　側面積と表面積を求めなさい。

側面積(　　　　　　)　表面積(　　　　　　)

❷
(1)おうぎ形の弧の長さと，底面の円の円周の長さが等しくなっています。

📋 テスト得ダネ

立体の表面積や体積を求める問題はよく出題されます。たくさん練習して身につけておきましょう。

【角錐，円錐の体積①】

❸ 次の立体の体積を求めなさい。

□(1)　正四角錐

□(2)　円錐

(　　　　　　　)　　　　　　　(　　　　　　　)

❸
(1)正四角錐の底面は正方形です。

❌ ミスに注意

角錐や円錐の体積を求めるときには必ず $\frac{1}{3}$ をかけるのを忘れないようにしましょう。

【角錐，円錐の体積②（回転体の表面積と体積）】

❹ 右の図の直角三角形を，直線 ℓ を軸として 1 回転させて，回転体をつくります。

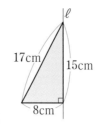

□（1）　この回転体の表面積を求めなさい。

（　　　　　　）

□（2）　この回転体の体積を求めなさい。

（　　　　　　）

【球の表面積と体積】

❺ 次の立体の表面積と体積を求めなさい。

□（1）　球

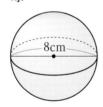

□（2）　半球

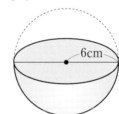

表面積（　　　　　）　　　　　　表面積（　　　　　）

体積（　　　　　）　　　　　　体積（　　　　　）

【最短の長さを考えよう】

❻ 右の立方体で，点 D から点 F まで，辺 AB 上の点 P を通ってひもをかけます。ひもが最も短くなるときの，ひもが通る線と点 P の位置を下の展開図にかき入れなさい。

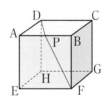

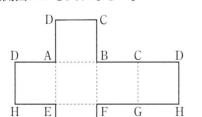

Step 3 予想テスト　　**6 章 空間の図形**

30分　/100点　目標 80点

❶ 次の(1)～(4)にあてはまる立体を，それぞれ下の⑦～㋑からすべて選びなさい。知

20 点(各 5 点，完答)

□(1)　底面の形が合同である。

□(2)　側面がすべて三角形である。

□(3)　曲面と平面で囲まれている。

□(4)　どの方向から見ても同じ形である。

　　　⑦　四角柱　　　⑦　三角錐　　　⑦　円柱　　　㋒　円錐　　　㋑　球

❷ 次の投影図で示される立体を答えなさい。知

15 点(各 5 点)

□(1)　　　　　　　　　　　□(2)　　　　　　　　　　　□(3)

 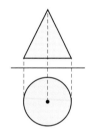 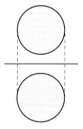

❸ 右の図の立体は，面 AEHD と面 BFGC がどちらも台形で，そのほかの面はどれも長方形です。辺を直線，面を平面とみて，次の(1)～(3)を示しなさい。知 考

15 点(各 5 点，完答)

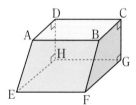

□(1)　直線 HG がふくまれる平面

□(2)　直線 BC とねじれの位置にある直線

□(3)　平面 AEHD と垂直な平面

❹ 底面の半径が 6cm，母線の長さが 16cm の円錐の表面積を求めなさい。知 考

10 点

□

❺ 次の(1)，(2)を求めなさい。知

10 点(各 5 点)

□(1)　円柱の表面積　　　　　　　□(2)　三角錐の体積

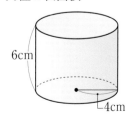 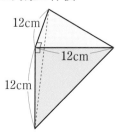

6 次の(1)，(2)の図形を，直線 ℓ を軸にして 1 回転させてできる立体の表面積と体積を，それぞれ求めなさい。知 考

20 点(各 5 点)

☐(1)

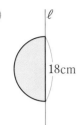

18cm

☐(2)

ℓ

5cm

6cm

3cm

4cm

7 直方体の容器㋐，㋑に同じ量の水が入っています。この水の量と x の値を求めなさい。

㋐

12cm
9cm
8cm
$x$cm

㋑

知 考 10 点(各 5 点)

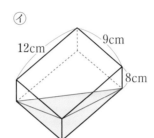

12cm
9cm
8cm

1	(1)	(2)	(3)	(4)
2	(1)	(2)		(3)
3	(1)			
	(2)			
	(3)			
4				
5	(1)		(2)	
6	(1) 表面積		体積	
	(2) 表面積		体積	
7	水の量		x の値	

❶ /20点 ❷ /15点 ❸ /15点 ❹ /10点 ❺ /10点 ❻ /20点 ❼ /10点

Step 1 基本チェック

1節 データの分析
2節 データにもとづく確率
3節 データの利用

15分

教科書のたしかめ　　[　]に入るものを答えよう！

1節 データの分析　　▶教 p.240-251　Step 2 ❶

□(1) データの最小値が 143cm，最大値が 178cm であるとき，このデータの範囲は[35]cm

□(2) 右の度数分布表で階級の幅は，[10]cm

□(3) 右の度数分布表で度数が最も多い階級は，[150]cm 以上で[160]cm 未満の階級。

身長(cm)	度数(人)
以上　未満	
140〜150	6
150〜160	20
160〜170	11
170〜180	3
計	40

□(4) 右のような柱状グラフを[ヒストグラム]ともいう。

□(5) 右の図の折れ線グラフを[度数分布多角形(度数折れ線)]という。

□(6) 右上の度数分布表から階級 140cm 以上 150cm 未満の階級値，相対度数を求めると，それぞれ[145]cm，[0.15]である。また，最頻値は[155]cm である。

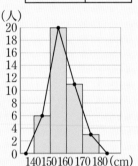

2節 データにもとづく確率　　▶教 p.252-255　Step 2 ❷❸

□(7) 右の表で，さいころを投げて 6 の目が出る相対度数を小数第 3 位まで求め，表を完成させなさい。

□(8) 相対度数は[0.167]に近づくと考えられるので，6 の目が出る確率は[0.167]と考えられる。

投げた回数(回)	6 の目が出た回数(回)	相対度数
500	86	0.172
1000	168	0.168
1500	250	[0.167]
2000	334	[0.167]

3節 データの利用　　▶教 p.256-258

解答欄

(1) ＿＿＿＿＿

(2) ＿＿＿＿＿

(3) ＿＿／＿＿

(4) ＿＿＿＿＿

(5) ＿＿＿＿＿

(6) ＿＿／＿＿

(7) ＿＿／＿＿

(8) ＿＿＿＿＿

教科書のまとめ　　＿＿＿に入るものを答えよう！

□ データの最大値と最小値との差を，範囲 (レンジ)という。

□ 各階級の度数の，全体に対する割合を，その階級の 相対度数 という。

□ 最小の階級から各階級までの度数の総和を 累積度数 という。また，最小の階級から各階級までの相対度数の総和を 累積相対度数 という。

□ 階級の中央の値を 階級値 という。また，度数分布表またはヒストグラムで，最大の度数をもつ階級の階級値を 最頻値 (モード)という。

□ あることがらの起こりやすさの程度を表す数を，そのことがらの起こる 確率 という。

Step 2 予想問題

1節 データの分析
2節 データにもとづく確率
3節 データの利用

1ページ
30分

【範囲と度数分布】

❶ 次のデータは，ある中学1年生10名の数学のテストの得点です。

48，64，78，90，83，85，56，68，72，95　（点）

□(1) このデータの範囲を求めなさい。

（　　　　　　　　　）

□(2) 右の度数分布表を完成させなさい。

□(3) 階級の幅を求めなさい。

（　　　　　　　　　）

得点(点)	度数(人)
以上　未満 40 ～ 55	（　　）
55 ～ 70	（　　）
70 ～ 85	（　　）
85 ～ 100	3
計	（　　）

ヒント

❶
(1)（範囲）
＝（最大値）－（最小値）
です。
(3)区間の幅のことを階級の幅といいます。

【累積度数と累積相対度数】

よく出る

❷ 右の表は，ある会社の従業員40人の通勤にかかる時間を度数分布表に表したものです。

通勤時間 (分)	度数(人)	累積度数 (人)	相対度数	累積相対度数
以上　未満 0 ～ 20	2	2	0.05	0.05
20 ～ 40	6	（　）	（　）	0.20
40 ～ 60	16	（　）	0.40	（　）
60 ～ 80	10	（　）	0.25	（　）
80 ～ 100	6	40	（　）	1.00
計	40		1	

□(1) 表を完成させなさい。

□(2) 従業員の通勤時間のおよその平均値を求めなさい。

（　　　　　　　　　）

□(3) ヒストグラムを右の図にかきなさい。

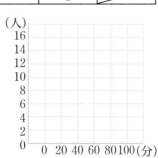

❷
(1)（相対度数）
＝ (階級の度数)/(度数の合計)
(2)まず，それぞれの階級の階級値を求めてから，およその平均値を計算します。

テスト得ダネ

グラフをかく問題はよく出題されます。度数分布多角形(度数折れ線)もかけるようにしておきましょう。

7章

【相対度数と確率】

❸ さいころを投げ，1の目が出た回数を調べたところ，右の表のようになりました。

□(1) 1の目が出た相対度数を，小数第3位を四捨五入して小数第2位まで求め，表を完成させなさい。

□(2) さいころを投げたとき，1の目が出る確率はいくつと考えられますか。

（　　　　　　　　　）

投げた 回数 (回)	1の目が 出た回数 (回)	相対度数
100	19	（　　）
200	34	（　　）
500	84	（　　）
1000	169	（　　）

❸
(1)（1の目が出た相対度数）
＝ (1の目が出た回数)/(投げた回数)
(2)投げる回数が多くなるほど，一定の値に近づいていくと考えられます。

Step 3 予想テスト ： 7章 データの分析

20分　目標 40点　／50点

❶ 次の表は，ある中学校の1年2組の生徒40人と1年全体の生徒120人のある日の家庭学習時間を調べたものです。 知 考

40点(各5点)

□(1) 1年2組と1年全体の中央値はそれぞれどの階級にふくまれますか。

□(2) 1年2組と1年全体の最頻値をそれぞれ求めなさい。

□(3) 1年2組と1年全体のおよその平均値をそれぞれ求めなさい。

□(4) 解答欄の図に，1年2組の相対度数の分布を表すグラフをかき入れなさい。

□(5) (1)～(4)で調べた結果から，1年2組と1年全体の資料の傾向を比べなさい。

学習時間(分)	1年2組(人)	1年全体(人)
以上　未満 0 ～ 30	4	18
30 ～ 60	8	45
60 ～ 90	16	27
90 ～ 120	10	24
120 ～ 150	2	6
計	40	120

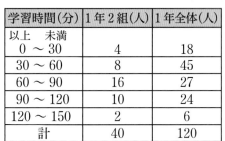

家庭学習時間の相対度数

❷ びんの王冠を投げて表が出た回数を調べたところ，右の表のようになりました。 知

10点((1)各2点, (2)4点)

□(1) 表が出た相対度数を，小数第3位を四捨五入して小数第2位まで求めなさい。

□(2) 表が出る確率と裏が出る確率は，どちらのほうが大きいと考えられますか。

投げた回数(回)	表が出た回数(回)	相対度数
400	172	⑦
800	330	④
1200	500	⑦

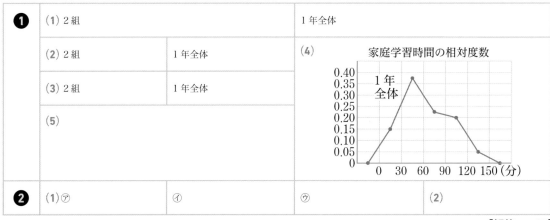

❶	(1) 2組		1年全体	
	(2) 2組	1年全体	(4) 家庭学習時間の相対度数	
	(3) 2組	1年全体		
	(5)			
❷	(1)⑦	④	⑦	(2)

テスト前 ☑ やることチェック表

① まずはテストの目標をたてよう。頑張ったら達成できそうなちょっと上のレベルを目指そう。
② 次にやることを書こう（「ズバリ英語〇ページ，数学〇ページ」など）。
③ やり終えたら□に✔を入れよう。
　最初に完ぺきな計画をたてる必要はなく，まずは数日分の計画をつくって，
　その後追加・修正していっても良いね。

目標

	日付	やること1	やること2
2週間前	／	□	□
	／	□	□
	／	□	□
	／	□	□
	／	□	□
	／	□	□
	／	□	□
1週間前	／	□	□
	／	□	□
	／	□	□
	／	□	□
	／	□	□
	／	□	□
	／	□	□
テスト期間	／	□	□
	／	□	□
	／	□	□
	／	□	□
	／	□	□

数学1年　大日本図書版

テスト前 ☑ やることチェック表

① まずはテストの目標をたてよう。頑張ったら達成できそうなちょっと上のレベルを目指そう。
② 次にやることを書こう（「ズバリ英語〇ページ，数学〇ページ」など）。
③ やり終えたら□に✔を入れよう。
　　最初に完ぺきな計画をたてる必要はなく，まずは数日分の計画をつくって，
　　その後追加・修正していっても良いね。

目標

	日付	やること1	やること2
2週間前	／	□	□
	／	□	□
	／	□	□
	／	□	□
	／	□	□
	／	□	□
	／	□	□
1週間前	／	□	□
	／	□	□
	／	□	□
	／	□	□
	／	□	□
	／	□	□
	／	□	□
テスト期間	／	□	□
	／	□	□
	／	□	□
	／	□	□
	／	□	□

大日本図書版 数学1年 | 定期テスト ズバリよくでる | **解答集**

1章 数の世界のひろがり

| 1節 数の見方 | 2節 正の数, 負の数 |

p.3-4 **Step ❷**

❶ (1)$66=2\times3\times11$　　(2)$100=2^2\times5^2$
(3)$360=2^3\times3^2\times5$

解き方 小さい素数で順にわっていきます。

(1)
$$\begin{array}{r} 2\,\underline{)\,66\,} \\ 3\,\underline{)\,33\,} \\ 11 \end{array}$$

(2)
$$\begin{array}{r} 2\,\underline{)\,100\,} \\ 2\,\underline{)\,50\,} \\ 5\,\underline{)\,25\,} \\ 5 \end{array}$$

(3)
$$\begin{array}{r} 2\,\underline{)\,360\,} \\ 2\,\underline{)\,180\,} \\ 2\,\underline{)\,90\,} \\ 3\,\underline{)\,45\,} \\ 3\,\underline{)\,15\,} \\ 5 \end{array}$$

❷ (1)最大公約数 9　　　最小公倍数 90
(2)最大公約数 14　　　最小公倍数 168

解き方 素因数分解を利用して求めます。最大公約数は共通な素因数の積, 最小公倍数は共通な素因数と残りの素因数の積です。
(1)$18=2\times3\times3$, $45=3\times3\times5$
(2)$42=2\times3\times7$, $56=2\times2\times2\times7$

❸ (1)$-500\mathrm{m}$　　　　(2)$+20$本

解き方 反対向きの性質をもった数量は, 一方を $+$, 他方を $-$ を使って表すことができます。

❹ (1)-8.3　　　　(2)$+\dfrac{1}{5}$

解き方 0 より大きい数は正の符号, 0 より小さい数は負の符号を使います。

❺ 正の数$+2\dfrac{1}{4}$, $+0.2$, $+\dfrac{2}{3}$

　　負の数$-\dfrac{1}{4}$, -5, -0.8

解き方 0 より大きい数は正の数, 0 より小さい数は負の数です。0 は正の数でも負の数でもないことに注意します。

❻ A-6　　　　B-0.5 または$-\dfrac{1}{2}$
　 C$+2$　　　　D$+5$v.5 または$+5\dfrac{1}{2}$, $+\dfrac{11}{2}$

解き方 数直線の目もりは, 0 を中心に左側は 0.5 ずつ小さくなっていき, 右側は 0.5 ずつ大きくなっています。点 B, D が表す数は, 小数または分数で表します。

❼

解き方 正の数は, 0 に対応する点である原点から右側, 負の数は原点から左側の位置になります。$+2.5$ の位置は $+2$ の点よりさらに 0.5 右側で, $-\dfrac{3}{2}=-1.5$ は, -1 の点よりさらに 0.5 左側の位置になります。

❽ -2, -1, 0, $+1$, $+2$

解き方 絶対値が2.5である数は, $+2.5$ と -2.5 です。よって, -2.5 より大きく, $+2.5$ より小さい整数ということになります。0 も整数にふくまれることに注意します。

❾ 大きい順$+20$, $+4$, $+\dfrac{2}{5}$, $+0.1$, 0, -0.5
　　　　　　　-3, -5.6

　絶対値が最も大きい数 $+20$

解き方 正の数は負の数よりも大きいです。負の数は絶対値が大きいものほど小さくなることに注意します。絶対値は $+$, $-$ の符号をはずして比べます。

❿ (1)$>$　　　　(2)$<$　　　　(3)$>$
　 (4)$<$　　　　(5)$>$　　　　(6)$<$

解き方 基本は, 負の数 $<0<$ 正の数です。正の数どうしでは, 絶対値が大きいものほど大きく, 負の数どうしでは, 絶対値が大きいものほど小さくなります。
(4)(6)通分するとわかりやすくなります。

(4) $-\dfrac{3}{6}$と$-\dfrac{2}{6}$　(6) $+\dfrac{4}{6}$と$+\dfrac{5}{6}$

(5)小数でそろえて比べるとわかりやすくなります。

3節 加法, 減法　　4節 乗法, 除法

5節 正の数, 負の数の利用

p.6-9　**Step ❷**

❶ (1) $+11$　　　　　　(2) $+13$

(3) -11　　　　　　(4) -8

(5) -1.5　　　　　　(6) -7.6

(7) $-\dfrac{5}{24}$　　　　　(8) $-\dfrac{3}{4}$

解き方 2つの数の加法で, 異符号の計算のときは, 符号をまちがえないように注意します。

(7) $\left(+\dfrac{1}{8}\right)+\left(-\dfrac{1}{3}\right)=\left(+\dfrac{3}{24}\right)+\left(-\dfrac{8}{24}\right)$

$\qquad\qquad\qquad = -\dfrac{5}{24}$

❷ (1) 0　　　　(2) $+1$　　　　(3) $+18$

解き方 まず, 正の数と負の数に分けて順序を変えると, 計算しやすくなります。

(3)　$(-15)+(+25)+(-4)+(+12)$

$\quad=\{(+25)+(+12)\}+\{(-15)+(-4)\}$

$\quad=(+37)+(-19)$

$\quad=+18$

❸ (1) $+9$　　(2) $+5$　　(3) -8

(4) -15　(5) -8　(6) $+0.6$

解き方 すべて加法になおして計算します。

(2) $(-5)-(-10)=(-5)+(+10)$

$\qquad\qquad\quad = +5$

❹ (1) -1　　(2) -17　　(3) -3

(4) $+8$　(5) -15　(6) 0

解き方 加法だけの式になおして計算する方法と, 項の和とみて計算する方法があります。項の和とみて計算する場合は, 同じ符号の項を集め, 同じ符号の項を加えます。

(6) $\dfrac{1}{10}-\dfrac{2}{5}-\left(-\dfrac{3}{10}\right)=\dfrac{1}{10}+\dfrac{3}{10}-\dfrac{2}{5}$

$\qquad\qquad\qquad\qquad =\dfrac{4}{10}-\dfrac{2}{5}$

$\qquad\qquad\qquad\qquad =\dfrac{2}{5}-\dfrac{2}{5}$

$\qquad\qquad\qquad\qquad =0$

❺ (1) -6　　　　　　(2) $+60$

(3) -330　　　　　(4) -9

(5) 0　　　　　　　(6) $+\dfrac{6}{35}$

解き方 2つの数の乗法では, 同符号の場合は正の符号を, 異符号の場合は負の符号をつけます。

(6) $\left(-\dfrac{3}{7}\right)\times\left(-\dfrac{2}{5}\right)=+\left(\dfrac{3\times2}{7\times5}\right)=+\dfrac{6}{35}$

❻ (1) $+108$　　　　　(2) -60

(3) -42　　　　　　(4) $+27$

解き方 答えの符号に注意します。いくつかの数の積では, 次のきまりがあります。

　　負の数の個数が偶数個のとき→＋(正の符号)

　　負の数の個数が奇数個のとき→－(負の符号)

(1)〜(4)の負の数の個数は, それぞれ, (1)2個, (2)1個, (3)3個, (4)4個となっています。

❼ (1) 49　　　　　　(2) 16

(3) -144　　　　　(4) $-\dfrac{1}{27}$

解き方 (2)〜(4)かっこがつくときの累乗の計算には, 注意が必要です。

(3) $(-3)^2\times(-4^2)=9\times(-16)$

$\qquad\qquad\qquad\quad =-144$

(4) $\left(-\dfrac{1}{3}\right)^3=\left(-\dfrac{1}{3}\right)\times\left(-\dfrac{1}{3}\right)\times\left(-\dfrac{1}{3}\right)$

$\qquad\quad =-\left(\dfrac{1}{3\times3\times3}\right)$

$\qquad\quad =-\dfrac{1}{27}$

❽ (1) -6　　(2) -2　　(3) $+8$

(4) 0　　(5) -1　　(6) $-\dfrac{1}{4}$

解き方 2つの数の除法では, 2つの数の符号が,

　　・同符号→絶対値の商に, 正の符号をつけます。

　　・異符号→絶対値の商に, 負の符号をつけます。

(4) $0\div\square=0$ になります。

(6) 除法を分数の形で表して計算すると,

$(+5)\div(-20)=\dfrac{+5}{-20}$

$\qquad\qquad\qquad =-\dfrac{1}{4}$

2

❾ (1) $\dfrac{7}{3}$　　　　(2) $-\dfrac{1}{8}$

　(3) $-\dfrac{10}{3}$　　　(4) $\dfrac{5}{7}$

解き方 2つの数の積が1であるとき，一方の数を他方の数の逆数といいます。

(3)，(4)は次のように変えて考えます。

　(3)　$-0.3=-\dfrac{3}{10}$　　(4)　$1\dfrac{2}{5}=\dfrac{7}{5}$

❿ (1) 7　　　　　　(2) -25

　(3) -10　　　　(4) -6

　(5) -4　　　　　(6) $\dfrac{7}{4}$

解き方 乗法と除法の混じった式では，乗法だけの式になおして計算します(わる数の逆数をかけます)。符号のまちがいにも注意します。

(3)(5)累乗を先に計算します。

(5) $108\div(-9)^2\div\left(-\dfrac{1}{3}\right)=108\div81\div\left(-\dfrac{1}{3}\right)$

$\qquad\qquad=108\times\dfrac{1}{81}\times(-3)$

$\qquad\qquad=-4$

⓫ (1) -12　　　　(2) -42

　(3) -19　　　　(4) -19

　(5) -128　　　　(6) $\dfrac{2}{3}$

　(7) 21　　　　　(8) 79

解き方 四則の混じった式では，計算順序が大切です。① 累乗・かっこの中→ ② 乗法・除法→ ③ 加法・減法の順に計算します。

(1)0にどんな数をかけても，積は0です。

(5)　$12\times(-9)-2^2\times5$

$=12\times(-9)-4\times5$

$=-108-20=-128$

(7)　$\{1-(-7)\}\times2-(-15)\div3$

$=8\times2-(-15)\div3$

$=16-(-5)=21$

(8)　$3\times(-9)+\{-(-5)\times20-(-6)\}$

$=3\times(-9)+\{-(-100)-(-6)\}$

$=-27+106$

$=79$

⓬ (1) -5　　　　(2) 8

解き方 分配法則を使って計算します。

・$a\times(b+c)=a\times b+a\times c$

(1) $-12\times\left(\dfrac{3}{4}-\dfrac{1}{3}\right)=-12\times\dfrac{3}{4}+(-12)\times\left(-\dfrac{1}{3}\right)$

$\qquad\qquad=-9+4=-5$

(2) $\left(-\dfrac{4}{7}\right)\times3+\left(-\dfrac{4}{7}\right)\times(-17)=\left(-\dfrac{4}{7}\right)\times\{3+(-17)\}$

$\qquad\qquad\qquad=\left(-\dfrac{4}{7}\right)\times(-14)=8$

⓭ (ア)，(ウ)

解き方 自然数とは，正の整数のことです。

○－□，○÷□は自然数でない場合もあります。

たとえば，○が1，□が2とすると，

　○－□＝1－2＝-1

　○÷□＝1÷2＝$\dfrac{1}{2}$

となり，自然数以外の数になってしまいます。

⓮ (1) 73点　　　　(2) 88点

　(3) 58点　　　　(4) 72点

解き方 (1)65点から基準点をひいたものが-8点なので，基準点は，

　$65-(-8)=65+8=73$(点)

(2)一番高い得点は，Cの得点です。(1)で基準点が73点とわかったので，次のように求めることができます。

　$73+15=88$(点)

(3)一番低い得点は，Hの得点です。(2)と同様に，次のように求めます。

　$73+(-15)=73-15=58$(点)

(4)まず，基準点をひいた差の平均を求めます。

　$\{(-9)+(+6)+(+15)+(-8)+(-2)+0$

　$+(+4)+(-15)+(+7)+(-8)\}\div10=-1$(点)

基準点に，上で求めた差の平均を加えると平均点になります。10人の平均点は，

　$73+(-1)=72$(点)

なお，基準点をもとに10人の得点を求めてから，平均点を計算することもできます。その場合には，下の式になります。

　$(64+79+88+65+71+73+77+58+80+65)\div10$

　$=720\div10=72$(点)

3

p.10-11 **Step 3**

❶ (1) $540 = 2^2 \times 3^3 \times 5$

　(2) 最大公約数 4　最小公倍数 140

❷ (1) 自然数　(2) -7 年　(3) $+4$　-4　(4) 2

❸ (1) $-6 < 4$　(2) $-1.6 < -1.06 < 1$

❹ (1) $+7$　(2) $-\dfrac{1}{5}$　(3) 0.02　(4) -8

❺ (1) -3　(2) $+13$　(3) -16　(4) -73

❻ (1) 48　(2) -9　(3) -72　(4) 12　(5) -6

　(6) $\dfrac{2}{7}$

❼ (1) 23　(2) -1　(3) $\dfrac{1}{9}$　(4) 9

❽ (1) 35 個　(2) 123 個

解き方

❶ (1) 小さい素数で順にわっていき，結果
は累乗を使って表します。

$\begin{array}{r} 2\,)\,540 \\ \hline 2\,)\,270 \\ \hline 3\,)\,135 \\ \hline 3\,)\,\ 45 \\ \hline 3\,)\,\ 15 \\ \hline 5 \end{array}$

　(2) 最大公約数は共通な素因数の積です。

$\begin{array}{l} 20 = 2 \times 2 \times 5 \\ 28 = 2 \times 2 \quad \times 7 \\ \hline \quad\ 2 \times 2 \qquad = 4 \end{array}$

最小公倍数は共通な素因数と残りの素因数の積です。

$\begin{array}{l} 20 = 2 \times 2 \times 5 \\ 28 = 2 \times 2 \quad \times 7 \\ \hline \quad\ 2 \times 2 \times 5 \times 7 = 140 \end{array}$

❷ (3) 正の数と負の数の 2 つあります。

　(4) 0.5 を $\dfrac{1}{2}$ に変えて，分母と分子を入れかえます。

❸ (2) -1.06 と -1.6 が負の数です。-1.6 のほうが
絶対値が大きいので，小さい数になります。

❹ (2) 負の数で最も大きい数は，負の数のなかで絶対
値が一番小さい数のことです。

❺ 加法と減法の混じった式では，加法だけの式にな
おしたり，項の和とみることで計算することがで
きます。

　(4) $44 - 91 + 2 - 28 = 44 + 2 - 91 - 28$
$= 46 - 119$
$= -73$

❻ 乗法と除法の混じった式では，除法を乗法になお
し，乗法だけの式にして計算します。

　(3) 累乗を先に計算します。

　(4) $16 \times (-6) \div (-8) = 16 \times (-6) \times \left(-\dfrac{1}{8}\right)$
$= 12$

　(5) $(-3)^2 \div 9 \div \left(-\dfrac{1}{6}\right) = 9 \times \dfrac{1}{9} \times (-6)$
$= -6$

❼ 四則の混じった式では，計算の順序に気をつけま
す。

1. 累乗やかっこがあれば，それらを先に計算しま
す。

2. 加法・減法より，乗法・除法を先に計算します。

　(2) $8 - 9 \div 3 - 6 = 8 - 3 - 6 = -1$

　(4) $\quad -2^2 + \{-(-6) \times 9 - 41\}$
$= -4 + \{-(-54) - 41\}$
$= -4 + 13$
$= 9$

❽ (1) 売上数が最も多かった日は金曜日，最も少な
かった日は水曜日です。金曜日の売上数から水曜
日の売上数をひけばよいので，

$\quad +23 - (-12) = 23 + 12$
$= 35(個)$

　(2) 基準のお弁当の売上数 120 個をひいた差の平均
を求めます。

$\quad \{(+9) + (+3) + (-12) + (-8) + (+23)\} \div 5$
$= 15 \div 5$
$= 3(個)$

基準としている 120 個に，求めた差の平均を加え
ると売上数の平均となります。

$\quad 120 + 3 = 123(個)$

また，別の方法として，基準をもとに 5 日間の売
上数を求めてから，1 日あたりの平均を求めるこ
ともできます。その場合には，

$\quad (129 + 123 + 108 + 112 + 143) \div 5$
$= 615 \div 5$
$= 123(個)$

となります。

2章 文字と式

1節 文字と式

p.13-14　**Step 2**

❶ (1) $120 \times a + 90 \times b$(円)

(2) $(a+b) \div 2$(cm)

(3) $a \times 3 + b$(kg)

(4) $x \div a$(時間)

解き方 文字を使った式も，数字と同じように考えて式を立てます。

(1) チョコレートの代金…$120 \times a$(円)

　　ガムの代金…$90 \times b$(円)

(3) 総重量＝(荷物の重さ)＋(体重)

❷ (1) $-ay$

(2) $-\dfrac{2}{5}(x+y)$

(3) $-6ab^2$

(4) $\dfrac{3x-y}{16}$

(5) $a+\dfrac{b}{3}$

(6) $-\dfrac{a}{7}-bc$

(7) $-\dfrac{5x}{9}$

(8) $\dfrac{x^2}{5}+4y$

解き方 符号をまちがえないようにしましょう。

(4) $(3x-y)$ は1つのまとまりと考えて，分数の形にします。かっことかける数がないときは，かっこを省きます。

(6) $a \div (-7) - c \times b = \dfrac{a}{-7} - bc = -\dfrac{a}{7} - bc$

(8) $x \times \dfrac{1}{5} \times x + y \times 4 = \dfrac{x^2}{5} + 4y$

$\dfrac{1}{5}x^2 + 4y$ としてもよいです。

❸ (1) $-2 \times x \times x \times y$

(2) $a \times b \div 3$

(3) $(4 \times a + b) \div 5$

(4) $6 \times x - 8 \div y$

(5) $a \times a - c \div (3-b)$

(6) $5 \times b \div (a \times a)$ (または $5 \times b \div a \div a$)

解き方 答えを書いたあと，記号 $\times$，$\div$ を使わないで表して，問題と合うか確認しましょう。

(6) $5 \times b \div a \times a$ とすると，記号$\times$，$\div$を使わないで書くと，$\dfrac{5ab}{a}$ となるのでまちがいです。

❹ (1) $6a+2b$(円)

(2) $0.07x$(円)$\left(\text{または } \dfrac{7}{100}x(\text{円})\right)$

(3) $10x+y$

(4) $5 - \dfrac{a}{100}$(m) (または $500-a$(cm))

(5) 時速 $\dfrac{x}{3}$(km)

解き方 (1) $a \times 6 + b \times 2 = 6a + 2b$(円)

(2) 0.07 を分数 $\dfrac{7}{100}$ で表して，

$0.07x = 0.07 \times x = \dfrac{7}{100} \times x = \dfrac{7}{100}x$(円)

としてもよいです。

(3) 具体的な数で考えるとわかりやすいです。たとえば，64 は $10 \times 6 + 4$ と表せます。

(4) 1cm は $\dfrac{1}{100} \times 1 = \dfrac{1}{100}$(m) より，$5 - \dfrac{a}{100}$(m)

または，5m は 500cm だから，$500 - a$(cm)

(5) 速さ＝(道のり)÷(時間) より，$x \div 3 = \dfrac{x}{3}$

❺ (1) 16　(2) 1　(3) 36

(4) 9　(5) -11　(6) 8

解き方 (1) $8 - 4 \times a = 8 - 4 \times (-2) = 8 + 8 = 16$

(2) $-\dfrac{2}{a} = -\dfrac{2}{(-2)} = 1$

(3) $-6 \times a \times b = -6 \times (-2) \times 3 = 36$

(4) $(-b)^2 = (-3)^2 = (-3) \times (-3) = 9$

(5) $a^2 - 5 \times b = (-2)^2 - 5 \times 3$

$= (-2) \times (-2) - 5 \times 3$

$= 4 - 15 = -11$

(6) $(-a)^2 + 4 = \{-(-2)\}^2 + 4$

$= 2^2 + 4$

$= 4 + 4$

$= 8$

❻ (1) 長方形の縦の長さと横の長さの差　単位 cm

(2) 長方形の面積　単位 cm²

(3) 長方形の周の長さ　単位 cm

解き方 (2) $ab = a \times b$ で，縦×横となるので，長方形の面積を表します。

(3) $2(a+b) = (a+b) \times 2$ で，縦の長さと横の長さの和を2倍したものなので，長方形の周の長さを表します。

2節 式の計算　　3節 文字と式の利用

4節 関係を表す式

p.16-17　**Step ❷**

❶ (1) 項 $5x$, 9　　　係数(5x の係数は)5

　　(2) 項 $-x$, -8　　係数($-x$ の係数は)-1

解き方 文字をふくむ項のうち，数の部分が係数です。

(2) $-x=(-1)\times x$ より，係数は -1 です。

❷ (1) $10x$　　　　　　　　(2) x

　　(3) $-6x$　　　　　　　(4) $-3x-1$

解き方 (1) $(3+7)x=10x$

(2) $(9-8)x=x$

$1.x$ と書かないように注意しましょう。

(3) $(-4+6-8)x=-6x$

(4) $2x+6-5x-7=2x-5x+6-7$
$$=-3x-1$$

❸ (1) $-32x$　　　　　　　(2) $2y$

　　(3) $-24x-32$　　　　　(4) $-36x-9$

　　(5) $3a+2$　　　　　　(6) $-2x+3$

　　(7) $6x+2$　　　　　　(8) $-3y+18$

解き方 (1) 文字をふくむ項に数をかけるときは，係数にその数をかけます。

$4\times x\times(-8)=4\times(-8)\times x$
$$=-32x$$

(2) 文字をふくむ項を数でわるときは，係数をその数でわるか，わる数の逆数をかけます。

$$\frac{-14y}{-7}=\frac{(-14)\times y}{-7}$$
$$=2y$$

または，$(-14y)\times\left(-\frac{1}{7}\right)=(-14)\times\left(-\frac{1}{7}\right)\times y$
$$=2y$$

(3) 項が 2 つの 1 次式に数をかけるときは，分配法則 $a(b+c)=ab+ac$ を使います。

$8\times\{(-3x)+(-4)\}=8\times(-3x)+8\times(-4)$
$$=-24x-32$$

(4) $(12x+3)\times(-3)=12x\times(-3)+3\times(-3)$
$$=-36x-9$$

(5) 項が 2 つの 1 次式を数でわるときは，

$(b+c)\div a=\dfrac{b+c}{a}=\dfrac{b}{a}+\dfrac{c}{a}$ を使います。

$$\frac{24a+16}{8}=\frac{24a}{8}+\frac{16}{8}$$
$$=3a+2$$

(6) $\dfrac{10x-15}{-5}=\dfrac{10x}{-5}-\dfrac{15}{-5}$
$$=-2x+3$$

(7) $\dfrac{(3x+1)\times 10}{5}=\dfrac{(3x+1)\times \overset{2}{\cancel{10}}}{\underset{1}{\cancel{5}}}$
$$=(3x+1)\times 2$$
$$=6x+2$$

(8) $\dfrac{(-12)\times(y-6)}{4}=\dfrac{(-\overset{3}{\cancel{12}})\times(y-6)}{\underset{1}{\cancel{4}}}$
$$=-3\times(y-6)$$
$$=-3y+18$$

❹ (1) 和 $12x-10$　　　　差 $-2x+6$

　　(2) 和 $-b+8$　　　　　差 $-13b-6$

解き方 式の和や差を求めるときは，式にかっこをつけて考えます。

(1) 和…$(5x-2)+(7x-8)=5x-2+7x-8$
$$=5x+7x-2-8$$
$$=12x-10$$

　差…$(5x-2)-(7x-8)=5x-2-7x+8$
$$=5x-7x-2+8$$
$$=-2x+6$$

(2) 和…$(-7b+1)+(6b+7)=-7b+1+6b+7$
$$=-7b+6b+1+7$$
$$=-b+8$$

　差…$(-7b+1)-(6b+7)=-7b+1-6b-7$
$$=-7b-6b+1-7$$
$$=-13b-6$$

❺ (1) $x-1$ (2) $-9x+15$
(3) $14x+7$ (4) $-7y+26$
(5) $x+1.2$ (6) $2x-4$

解き方 (1) $(5x-3)+(2-4x)=5x-3+2-4x$
$$=5x-4x-3+2$$
$$=x-1$$

(2) $(-x+9)-(8x-6)=-x+9-8x+6$
$$=-x-8x+9+6$$
$$=-9x+15$$

(3) 分配法則を使って，かっこをはずしてから計算します。
$$2(x-1)+3(4x+3)=2x-2+12x+9$$
$$=2x+12x-2+9$$
$$=14x+7$$

(4) $-6(y-3)-(y-8)=-6y+18-y+8$
$$=-6y-y+18+8$$
$$=-7y+26$$

(5) $\quad(0.4x+0.7)-(-0.6x-0.5)$
$$=0.4x+0.7+0.6x+0.5$$
$$=0.4x+0.6x+0.7+0.5$$
$$=x+1.2$$

(6) 約分に気をつけてかっこをはずします。
$$\frac{1}{3}(9x-3)-\frac{1}{4}(4x+12)=3x-1-x-3$$
$$=3x-x-1-3$$
$$=2x-4$$

❻ (1) 45 個 (2) $5(n-1)$（個）

解き方 (2) 1辺に並ぶマグネットの数を具体的な数で考えて式を立て，その数を文字に置きかえます。
たとえば，1辺に5個並べるとき，⬭のマグネットの個数は，
$$5-1=4（個）$$
正五角形なので，全体の個数は，
$$4\times5=20（個）$$

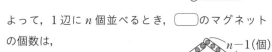

よって，1辺に n 個並べるとき，⬭のマグネットの個数は，
$$n-1（個）$$
正五角形なので，全体の個数は，
$$(n-1)\times5=5(n-1)（個）$$

❼ (1) $80a+5b=840$
(2) $y+12=2(x+12)$
(3) $2(a+b)\geqq c$
(4) $4x+5<3(y-2)$

解き方 (1) 鉛筆の代金とノートの代金は，
$$80\times a+b\times5=80a+5b（円）$$
代金が 840 円と等しいので，
$$80a+5b=840$$

(2) 12年後のあつしさんとお父さんの年齢は，
あつしさん…$x+12$（歳）
お父さん…$y+12$（歳）
お父さんの年齢とあつしさんの年齢の2倍が等しいので，
$$y+12=(x+12)\times2$$
$$y+12=2(x+12)$$

(3) 縦 a cm，横 b cm の長方形の周の長さは，
$$(a+b)\times2=2(a+b)（cm）$$
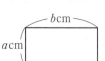
周の長さは c cm 以上なので，
$$2(a+b)\geqq c$$

(4) ある数 x の4倍に5を加えた数は，
$$x\times4+5=4x+5\cdots\cdots①$$
ある数 y から2をひいてそれを3倍した数は，
$$(y-2)\times3=3(y-2)\cdots\cdots②$$
①は②より小さくなるので，
$$4x+5<3(y-2)$$

❶ (1) ay^2　(2) $-2(a-b)$　(3) $4b-\dfrac{c}{8}$

　(4) $-6\times x\times x\times y$　(5) $(3\times a+b)\div 4$

　(6) $a\times b\div 2-5\times c\times c$

❷ (1) $4x+150\,(\mathrm{g})$　(2) $0.7y\,(円)\left(\dfrac{7}{10}y\,(円)\right)$

　(3) $a-\dfrac{b}{20}\,(\mathrm{m})\,(100a-5b\,(\mathrm{cm}))$

❸ (1) ノート5冊分と筆箱1個分の代金

　(2) ノート1冊と筆箱1個を1組としたときの，
　　3組分の代金

❹ (1) 6　(2) 40　(3) -18

❺ (1) 項 $7x$，-2　係数 7　(2) 項 -6，y　係数 1

❻ (1) $6x$　(2) $\dfrac{4}{7}y$　(3) $6a$　(4) $-24y$　(5) $27x-15$

　(6) $8a$　(7) $-2x+1$　(8) $-6x+24$

　(9) $-5y-10$　(10) $-16a-3$

❼ (1) 12個　(2) $2n+2\,(個)$

❽ (1) $\dfrac{1}{2}ab=30$　(2) $3x+2y<500$

解き方

❶ 文字を使った式では，記号 ×，÷ を省いて書きます。

　(1) $1ay^2$ と書かないようにします。

　(5) $3\times a+b$ にかっこをつけます。

❷ (1) $x\times 4+150=4x+150\,(\mathrm{g})$

　(2) 30% 引き…$1-0.3=0.7$

　$y\times 0.7=0.7y\,(円)$ または，0.7 を分数 $\dfrac{7}{10}$ で表して，

　$0.7y=0.7\times y=\dfrac{7}{10}\times y=\dfrac{7}{10}y\,(円)$

　としてもよいです。

　(3) 長さの単位をそろえます。

　$1\,\mathrm{cm}$ は，$\dfrac{1}{100}\times 1=\dfrac{1}{100}\,(\mathrm{m})$ より，

　$b\,\mathrm{cm}$ は，$\dfrac{1}{100}\times b=\dfrac{b}{100}\,(\mathrm{m})$

　よって，$a-\dfrac{b}{100}\times 5=a-\dfrac{b}{20}\,(\mathrm{m})$

　または，$1\,\mathrm{m}$ は，$100\times 1=100\,(\mathrm{cm})$ より，

　$a\,\mathrm{m}$ は，$100\times a=100a\,(\mathrm{cm})$

　よって，$100a-b\times 5=100a-5b\,(\mathrm{cm})$

❸ (1) x 円 $\times 5$ 冊 $+y$ 円 $\times 1$ 個 $(円)$

　(2) $(x+y)\times 3$ と考えます。$(x$ 円 $+y$ 円$)\times 3$ 組 $(円)$

❹ 式に文字 a，b の値をそれぞれ代入します。負の
数を代入するときは，かっこをつけます。

　(1) $(-2)+2\times 4=-2+8=6$

　(2) $-5\times(-2)\times 4=40$

　(3) $-3\times(-2)-6\times 4=6-24=-18$

❺ (2) 文字の前に数字がないとき，係数は1です。

❻ (1) 文字の部分が同じ項どうしは，分配法則
$ac+bc=(a+b)c$ を使って，1つの項にまとめま
す。

　(4) 項が1つの1次式×数…係数にその数をかけます。

　　$4y\times(-6)=4\times(-6)\times y=-24y$

　(5) 項が2つの1次式×数…1次式の各項にその数
をかけます。

　　$3\times 9x+3\times(-5)=27x-15$

　(7) 項が2つの1次式÷数…1次式の各項をその数
でわります。

　　$16x\div(-8)+(-8)\div(-8)=-2x+1$

　(8) $\dfrac{(2x-8)\times(-9)}{3}=(2x-8)\times(-3)=-6x+24$

　(9) 1次式の減法は，ひく式の各項の符号を変えて
加えます。

　　$(y-2)-(6y+8)=y-2-6y-8=-5y-10$

　(10) $5(a-6)-3(7a-9)=5a-30-21a+27$

　　　　　　　　　　　　$=-16a-3$

❼ (2) 図1より，
$n\times 2+2=2n+2\,(個)$
図2より，
$(n-2)\times 2+6=2n+2\,(個)$
図3より，
$(n+3)\times 2-4=2n+2\,(個)$
のように，いろいろな考え
方ができます。

図1　—n 個—
図2　$n-2\,(個)$
図3　—n 個—　3個

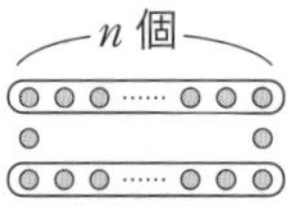

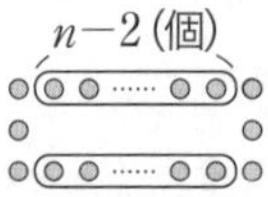

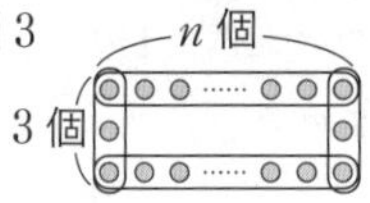

❽ (1) 三角形の面積は，$(底辺)\times(高さ)\div 2$

$a\times b\div 2=\dfrac{1}{2}ab\,(\mathrm{cm}^2)$

三角形の面積が $30\,\mathrm{cm}^2$ と等しいので，

　$\dfrac{1}{2}ab=30$

　(2) 代金の合計は，$x\times 3+y\times 2=3x+2y\,(円)$
代金の合計が500円よりも安いので，

　$3x+2y<500$

3章 1次方程式

| 1節 方程式 | 2節 1次方程式の解き方 |

p.21-22 **Step ❷**

❶ ㋑，㋓

解き方 各式に解 $x=6$ を代入します。

㋐ 左辺 $=-2×6+18$
$\qquad =-12+18$
$\qquad =6$
　右辺 $=4×6-12$
$\qquad =24-12$
$\qquad =12$　となり，等式は成り立たない。

㋑ 左辺 $=\dfrac{1}{2}×6+9$
$\qquad =3+9$
$\qquad =12$
　右辺 $=2×6$
$\qquad =12$　となり，等式は成り立つ。

㋒ 左辺 $=\dfrac{5}{3}×6-2$
$\qquad =10-2$
$\qquad =8$
　右辺 $=\dfrac{5}{6}×6+7$
$\qquad =5+7$
$\qquad =12$　となり，等式は成り立たない。

㋓ 左辺 $=5×6-3=30-3$
$\qquad =27$
　右辺 $=-2×6+39=-12+39$
$\qquad =27$　となり，等式は成り立つ。

❷ (1)① ㋐　②㋓　　(2)① ㋒　②㋑　③㋓

解き方 (1)① 前式の両辺に 5 をたしています。
② 前式の両辺を 4 でわっています。
(2)① 前式の両辺に 6 をかけています。
② 前式の両辺から x をひいています。
③ 前式の両辺を -4 でわっています。
　注意(1)① は，「-5 をひいた」と考えて㋑と答えて
　も，まちがいとはいえません。他も同様で，㋐は
　㋑，㋑は㋐，㋒は㋓，㋓は㋒と答えても，まちが
　いではありません。

❸ (1) $x=9$　　　　　　(2) $x=12$
　(3) $x=-6$　　　　　(4) $x=-32$
　(5) $x=-2$　　　　　(6) $x=-3$
　(7) $x=1$　　　　　 (8) $y=-3$

解き方 1次方程式を解く手順を覚えて解きます。
① 文字 x をふくむ項はすべて左辺に，数だけの項は
　すべて右辺に移項する。
② 両辺を計算して，$ax=b$ の形にする。
③ 両辺を x の係数でわる。

(1) $x-2=7$ 　　　┐ -2 を右辺に移項する
$\quad\ x=7+2$ ←┘
$\quad\ x=9$

(2) $\quad 3x=36$ 　　　┐ 両辺を 3 でわる
$\quad \dfrac{3x}{3}=\dfrac{36}{3}$ ←┘
$\qquad x=12$

(3) $\quad -7x=42$ 　　　┐ 両辺を -7 でわる
$\quad \dfrac{-7x}{-7}=\dfrac{42}{-7}$ ←┘
$\qquad x=-6$

(4) $\quad \dfrac{1}{8}x=-4$ 　　　┐ 両辺に 8 をかける
$\quad \dfrac{1}{8}x×8=-4×8$ ←┘
$\qquad x=-32$

(5) $5x+6=-4$ 　　　┐ 6 を右辺に移項する
$\quad 5x=-4-6$ ←┘
$\quad 5x=-10$ 　　　┐ 両辺を 5 でわる
$\qquad x=-2$ ←┘

(6) $\qquad 3x=12+7x$ 　　┐ $7x$ を左辺に移項する
$\quad 3x-7x=12$ ←┘
$\quad -4x=12$ 　　┐ 両辺を -4 でわる
$\qquad x=-3$ ←┘

(7) $-x+9=6+2x$ 　┐ 9 を右辺に，$2x$ を左辺に移項する
$\quad -x-2x=6-9$ ←┘
$\quad -3x=-3$ 　　┐ 両辺を -3 でわる
$\qquad x=1$ ←┘

(8) $7y-3+2y=-30$ 　　┐ -3 を右辺に移項する
$\quad 7y+2y=-30+3$ ←┘
$\qquad 9y=-27$ 　　┐ 両辺を 9 でわる
$\qquad y=-3$ ←┘

❹ (1) $x=-1$　　　　　(2) $x=2$

　(3) $x=-7$　　　　　(4) $x=4$

解き方 かっこがある方程式は，分配法則を使って
かっこをはずしてから解きます。

(1) $2x-(3x-4)=5$　┐分配法則を使って，
　　$2x-3x+4=5$　◀┘かっこをはずす
　　　$2x-3x=5-4$
　　　　　$-x=1$
　　　　　　$x=-1$

(2) $2(x+7)-(10-x)=5x$　┐分配法則を使って，
　　$2x+14-10+x=5x$　◀┘かっこをはずす
　　　　$2x+x-5x=-14+10$
　　　　　　$-2x=-4$
　　　　　　　$x=2$

(3) $x-5(x+4)=8$　┐分配法則を使って，
　　$x-5x-20=8$　◀┘かっこをはずす
　　　$x-5x=8+20$
　　　　$-4x=28$
　　　　　$x=-7$

(4) $3(-4-5x)=-9(3x-4)$　┐分配法則を使って，
　　$-12-15x=-27x+36$　◀┘かっこをはずす
　　　$-15x+27x=36+12$
　　　　　$12x=48$
　　　　　　$x=4$

❺ (1) $x=3$　　(2) $x=-7$　　(3) $y=6$

　(4) $x=6$　　(5) $b=10$　　(6) $x=-\dfrac{2}{5}$

解き方 係数に小数がある方程式は両辺に 10 や 100
などをかけて，係数に分数がある方程式は両辺に分
母の最小公倍数をかけて，係数を整数になおすと解
きやすくなります。

(1) 両辺に 10 をかけると，
　　$7x-13=8$
　　　$7x=8+13$
　　　$7x=21$
　　　　$x=3$

(2) 両辺に 10 をかけると，
　　$3x-15=8x+20$
　　$3x-8x=20+15$
　　　$-5x=35$
　　　　$x=-7$

(3) 両辺に 100 をかけると，
　　$5y+20=9y-4$
　　$5y-9y=-4-20$
　　　$-4y=-24$
　　　　$y=6$

(4) 両辺に分母の最小公倍数 4 をかけると，
　　$\left(\dfrac{3}{4}x-2\right)\times4=\dfrac{5}{2}\times4$
　　　　$3x-8=10$
　　　　　$3x=10+8$
　　　　　$3x=18$
　　　　　　$x=6$

(5) 両辺に分母の最小公倍数 15 をかけると，
　　$\left(\dfrac{1}{5}b-\dfrac{2}{3}\right)\times15=\left(\dfrac{1}{3}b-2\right)\times15$
　　　$3b-10=5b-30$
　　　$3b-5b=-30+10$
　　　　$-2b=-20$
　　　　　$b=10$

(6) 両辺に分母の最小公倍数 6 をかけると，
　　$\left(\dfrac{2x-1}{3}\right)\times6=\dfrac{3}{2}x\times6$
　　　$2(2x-1)=9x$
　　　　$4x-2=9x$
　　　$4x-9x=2$
　　　　$-5x=2$
　　　　　$x=-\dfrac{2}{5}$

❻ (1) $x=18$　　　　　(2) $x=56$

　(3) $x=13$　　　　　(4) $x=3$

解き方 比例式は，比の性質「$a:b=c:d$ ならば，
$ad=bc$」を使って解きます。

(3) $(x-5)\times5=20\times2$
　　　$5x-25=40$
　　　　$5x=40+25$
　　　　$5x=65$
　　　　　$x=13$

(4) $\dfrac{x}{2}\times4=6\times1$
　　　　$2x=6$
　　　　　$x=3$

3節 1次方程式の利用

p.24-25　**Step 2**

❶ −1

解き方 ある数を x とすると，ある数の5倍から2をひいた数は $5x-2$

もとの数の2倍の数 $2x$ より5小さくなるのだから，

$$5x-2=2x-5$$
$$5x-2x=-5+2$$
$$3x=-3$$
$$x=-1$$

❷ りんご5個　　　　　もも18個

解き方 りんごの個数を x 個とすると，ももの個数は $(23-x)$ 個と表せます。

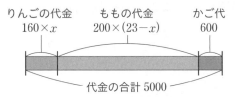

| りんごの代金 | + | ももの代金 | + | かご代 | = | 代金の合計 |

$$160x \quad +200(23-x)+\quad 600 \quad = \quad 5000$$
$$160x+4600-200x+600=5000$$
$$160x-200x=5000-4600-600$$
$$-40x=-200$$
$$x=5$$

したがって，りんごが5個だから，ももの個数は，

$$23-5=18(個)$$

別解

ももの個数を x 個とすると，りんごの個数は $(23-x)$ 個と表せます。

$$160(23-x)+200x+600=5000$$
$$3680-160x+200x+600=5000$$
$$-160x+200x=5000-3680-600$$
$$40x=720$$
$$x=18$$

したがって，ももが18個だから，りんごの個数は，

$$23-18=5(個)$$

❸（1）11人　　　　　　　（2）37個

解き方（1）子どもの人数を x 人とすると，みかんの個数は，2通りの方法で表せます。

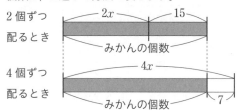

1人に2個ずつ配ると15個余ることから，みかんの個数は，$2x+15$（個）　……①

1人に4個ずつ配ると7個たりないことから，みかんの個数は，$4x-7$（個）　……②

式①，②は等しい関係にある数量だから，

$$2x+15=4x-7$$
$$2x-4x=-7-15$$
$$-2x=-22$$
$$x=11$$

（2）式①，②はみかんの個数を表す式だから，どちらかの式に $x=11$ を代入します。

①に代入すると，$2\times11+15=37$（個）

（②に代入すると，$4\times11-7=37$（個））

❹ 長いす16脚　　　　　　生徒84人

解き方 長いすの数を x 脚とすると，生徒の人数は2通りの方法で表せます。

1脚に5人ずつ座ると，4人が座れないことから，生徒の人数は，$5x+4$（人）　……①

1脚に6人ずつ座ると，長いすが2脚余ったことから，6人ずつ座っている長いすの数は $(x-2)$ 脚と表せるので，生徒の人数は，$6(x-2)$（人）　……②

式①，②は等しい関係にある数量だから，

$$5x+4=6(x-2)$$
$$5x+4=6x-12$$
$$5x-6x=-12-4$$
$$-x=-16$$
$$x=16$$

式①，②は生徒の人数を表す式だから，どちらかの式に $x=16$ を代入します。

①に代入すると，$5\times16+4=84$（人）

（②に代入すると，$6\times(16-2)=84$（人））

11

❺ 28分

解き方 兄が家を出発してから駅に着くまでにか
かった時間を x 分とします。

	Aさん	兄
道のり(m)	$70(12+x)$	$100x$
速さ(m/min)	70	100
時間(min)	$12+x$	x

Aさんが家から駅まで歩くのにかかった時間は
$12+x$(分)だから，Aさんが歩いた道のりは，
$70(12+x)$(m) ……①
また，兄が歩いた道のりは，$100x$(m) ……②
式①，②は等しい関係にある数量だから，

$$70(12+x)=100x$$
$$840+70x=100x$$
$$70x-100x=-840$$
$$-30x=-840$$
$$x=28$$

❻ 3km

解き方 地点A，P間の道のりを x km とすると，地
点P，B間の道のりは $12-x$(km)

	A，P間	P，B間
道のり(km)	x	$12-x$
速さ(km/h)	6	3
時間(h)	$\dfrac{x}{6}$	$\dfrac{12-x}{3}$

地点A，P間を歩くのにかかった時間は，$\dfrac{x}{6}$ 時間

地点P，B間を歩くのにかかった時間は，$\dfrac{12-x}{3}$ 時間

全部で $3\dfrac{30}{60}$ 時間かかったので，

$$\frac{x}{6}+\frac{12-x}{3}=3\frac{30}{60}$$
$$\frac{x}{6}+\frac{12-x}{3}=\frac{7}{2}$$
$$x+2(12-x)=21$$
$$x+24-2x=21$$
$$x-2x=21-24$$
$$-x=-3$$
$$x=3$$

❼ 5年前

解き方 今から x 年後とすると，
x 年後のAさんの年齢は，$13+x$(歳)
x 年後のBさんの年齢は，$45+x$(歳)
x 年後のBさんの年齢がAさんの年齢の5倍に等し
いから，

$$45+x=5(13+x)$$
$$45+x=65+5x$$
$$x-5x=65-45$$
$$-4x=20$$
$$x=-5$$

※「−5年後」は，「5年前」と同じ意味。

❽ 4L

解き方 水を x L 移すとすると，
水を移した後の水槽Aには，$16-x$(L)，
水を移した後の水槽Bには，$16+x$(L)の水が入って
います。

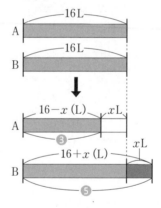

水槽AとBに入っているかさの比が3:5になるの
だから，

$$(16-x):(16+x)=3:5$$
$$5(16-x)=3(16+x)$$
$$80-5x=48+3x$$
$$-5x-3x=48-80$$
$$-8x=-32$$
$$x=4$$

p.26-27 Step **3**

❶ ㋑, ㋒

❷ (1) -7 を右辺に移項　(2) $10x$ を左辺に移項

❸ (1) $x=-2$　(2) $x=-5$　(3) $x=3$　(4) $x=4$

　(5) $x=9$　(6) $x=\dfrac{48}{5}$　(7) $x=3$　(8) $x=30$

❹ (1) $x=27$　(2) $x=24$　(3) $x=7$

❺ クラスの人数を x 人とすると，
$$500x+1500=600x-2300$$
　これを解くと，$x=38$　　　　答　38人

❻ 地点Ａから地点Ｂまでの道のりを x km とす

　ると，$\dfrac{x}{8}=\dfrac{x}{5}-\dfrac{45}{60}$

　これを解くと，$x=10$　　　　答　10 km

❼ ふくろＡからふくろＢに x 個移すとすると，
$$(30-x):(30+x)=5:7$$
　これを解くと，$x=5$　　　　答　5個

解き方

❶ 各式に $x=-2$ を代入して等式が成り立つかどう
か調べます。㋑，㋒は方程式ではないので注意し
ましょう。

　㋐　左辺 $=3\times(-2)-5=-11$

　㋒　左辺 $=(-2)+2=0$

　㋒　左辺 $=-(-2)-6=-4$

　　　右辺 $=5\times(-2)+6=-4$

❷ 符号を変えて他方の辺に移った項を探します。

❸ (4) $-8x+20=12-6x$　┐ 20 を右辺に，
　　 $-8x+6x=12-20$　◄ $-6x$ を左辺に移項する

　　　　 $-2x=-8$　┐
　　　　　 $x=4$　◄ 両辺を -2 でわる

　(6) $9(x-5)-4(x+3)=-9$　┐ 分配法則を使って，
　　 $9x-45-4x-12=-9$　◄ かっこをはずす

　　　 $9x-4x=-9+45+12$

　　　　　 $5x=48$

　　　　　　 $x=\dfrac{48}{5}$

　(7) 両辺に 10 をかけると，　(8) 両辺に分母の最小公

　　 $5x-13=10x-28$　　　　　倍数 20 をかけると，

　 $5x-10x=-28+13$　　　　　$5x-40=4x-10$

　　　 $-5x=-15$　　　　　$5x-4x=-10+40$

　　　　 $x=3$　　　　　　　　 $x=30$

❹ 比例式は，比の性質「$a:b=c:d$ ならば，
$ad=bc$」を使って解きます。

　(1) $2x=18\times3$

　　　 $x=27$

　(2) $5(x-6)=15\times6$　　　(3) $\dfrac{x}{2}\times8=4\times7$

　　 $5x-30=90$　　　　　　　 $4x=28$

　　　 $5x=120$　　　　　　　　 $x=7$

　　　　 $x=24$

❺ クラスの人数を x 人とすると，費用は2通りの方
法で表せます。

1人500円ずつ集めると，必要な費用にはあと
1500円必要なのだから，$500x+1500$（円）……①

1人600円ずつ集めると，必要な費用よりも2300
円多かったのだから，$600x-2300$（円）……②

式①，②は等しい関係にある数量だから，
$$500x+1500=600x-2300$$
$$-100x=-3800$$
$$x=38$$

❻ 地点Ａから地点Ｂまでの道のりをを x km とします。

	走ったとき	歩いたとき
道のり (km)	x	x
速さ (km/h)	8	5
時間 (h)	$\dfrac{x}{8}$	$\dfrac{x}{5}$

時速8kmで走ったときにかかった $\dfrac{x}{8}$ 時間は，時

速5kmで歩いたときにかかった $\dfrac{x}{5}$ 時間よりも45

分短いので，
$$\dfrac{x}{8}=\dfrac{x}{5}-\dfrac{45}{60}$$
$$\dfrac{x}{8}=\dfrac{x}{5}-\dfrac{3}{4}$$
$$5x=8x-30$$
$$x=10$$

❼ ふくろＡからふくろＢにあめを x 個移すとすると，
移したあとのふくろＡのあめの数は $30-x$（個），
ふくろＢのあめの数は $30+x$（個）になります。
ふくろＡとふくろＢに入っているあめの個数の比
が 5：7 になるのだから，
$$(30-x):(30+x)=5:7$$
$$7(30-x)=5(30+x)$$
$$210-7x=150+5x$$
$$-12x=-60$$
$$x=5$$

4章 量の変化と比例，反比例

[1節 量の変化]　[2節 比例]

p.29-31　**Step ❷**

❶ (1) ○　　　(2) ○　　　(3) ×

解き方 (1) 50cm のひもなので，切った長さが決まれば，残りの長さは1つに決まります。式にすると，$y=50-x$ となります。

(2) 3本買うので，1本の値段が決まれば，代金は1つに決まります。式にすると，$y=3x$ となります。

(3) 身長が決まっても，体重は個人個人で異なるので，体重は身長の関数ではありません。

❷ (1) ㋐10　㋑30　　　(2) 15分後
　　(3) $0\leqq x\leqq15$　　　(4) $0\leqq y\leqq30$

解き方 (1) 1分間に2Lの水が入るから，
5分間では，$2\times5=10$(L)
15分間では，$2\times15=30$(L)

(2) この水槽は最大で30L入るので，1分間に2Lずつ水を入れると，満水になるのは，
　　$30\div2=15$(分後)

(3) x の変域は，0以上15以下のすべての数だから，
　　$0\leqq x\leqq15$

(4) y の変域は，0以上30以下のすべての数だから，
　　$0\leqq y\leqq30$

❸ (1) 式 $y=0.5x$　　　比例定数 0.5

(2) 式 $y=0.015x$ $\left(\text{または}y=\dfrac{3}{200}x\right)$

　　比例定数 0.015 $\left(\text{または}\dfrac{3}{200}\right)$

解き方 (1) 1分間に $0.5\,\mathrm{m}^3$ の水が入るから，x 分間では，$0.5\times x(\mathrm{m}^3)$ の水が入ります。
したがって，$y=0.5x$

(2) 100g で1.5cm のびるから，1g では，
$1.5\div100=0.015$(cm)のびます。
したがって，x g のおもりをつるしたとき，
$0.015\times x$(cm)ばねがのびるから，$y=0.015x$

❹ (1)
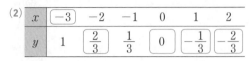

x	-3	-2	-1	0	1	2
y	-9	-6	-3	0	3	6

比例定数3

(2)

x	-3	-2	-1	0	1	2
y	1	$\dfrac{2}{3}$	$\dfrac{1}{3}$	0	$-\dfrac{1}{3}$	$-\dfrac{2}{3}$

比例定数 $-\dfrac{1}{3}$

解き方 y が x に比例するとき，$\dfrac{y}{x}$ の値は一定で，比例定数 a に等しい。

(1) $x=-1$ のとき，$y=-3$ だから，
　　比例定数は，$\dfrac{-3}{-1}=3$

(2) $x=-1$ のとき，$y=\dfrac{1}{3}$ だから，
　　比例定数は，$-\dfrac{1}{3}$

❺ A(3, 5)　　　B(−5, 1)　　　C(−2, −2)
　　D(4, −5)　　　E(5, 3)　　　O(0, 0)

解き方 各点から x 軸，y 軸に垂直な直線をひきます。x 軸と交わったところが x 座標，y 軸と交わったところが y 座標です。たとえば，点Aは下の図のように，点Aから x 軸，y 軸に垂直な直線をひき，x 軸上の3と y 軸上の5を組み合わせて (3, 5) と表します。点Oは原点だから，(0, 0) と表します。

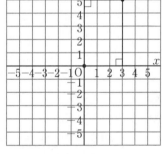

❻ (右の図)

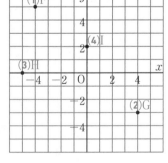

解き方

(1) 点 F(−4, 5) は，原点Oから左に4，上に5進んだ点です。x 座標と y 座標を逆にして点をとらないように注意します。

(3) y 座標が0の点は，x 軸上にあります。

(4) x 座標が0の点は，y 軸上にあります。

❼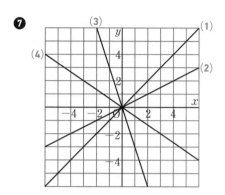

解き方 比例のグラフは，原点とそれ以外の1つの点を決めて，それらを通る直線をひきます。このとき，もう1つの点は，x 座標も y 座標も整数である点にします。

⑴ $y＝x$ は，x の値が1増加すると，y の値は1増加します。点 $(1,\ 1)$，点 $(2,\ 2)$，……を通るから，たとえば，原点 $O(0,\ 0)$ と $(1,\ 1)$ を通る直線をかきます。

⑵ $y＝\dfrac{1}{2}x$ は，x の値が2増加すると，y の値は1増加します。点 $(2,\ 1)$ や点 $(4,\ 2)$ などを通ります。

⑶ $y＝-3x$ は，x の値が1増加すると，y の値は3減少します。点 $(1,\ -3)$ や点 $(2,\ -6)$ などを通ります。

⑷ $y＝-\dfrac{2}{3}x$ は，x の値が3増加すると，y の値は2減少します。点 $(3,\ -2)$ や点 $(6,\ -4)$ などを通ります。

❽ ⑴ $y＝-2x$　　　　　⑵ $y＝4x$

解き方 y は x に比例するから，比例定数を a とすると，$y＝ax$ と表されます。

⑴ $y＝ax$ に $x＝5$，$y＝-10$ を代入すると，
$$-10＝a\times5$$
$$5a＝-10$$
$$a＝-2$$
だから，$y＝-2x$

⑵ $y＝ax$ に $x＝-4$，$y＝-16$ を代入すると，
$$-16＝a\times(-4)$$
$$-4a＝-16$$
$$a＝4$$
だから，$y＝4x$

❾ ⑴ $y＝2x$　　　　　⑵ $y＝\dfrac{1}{3}x$

⑶ $y＝-\dfrac{1}{2}x$　　　　⑷ $y＝-x$

解き方 比例のグラフだから，比例定数を a とすると，$y＝ax$ と表すことができます。x 座標も y 座標も整数である点を見つけて，比例定数を求めます。

⑴ 点 $(1,\ 2)$ を通っているから，$y＝ax$ に $x＝1$，$y＝2$ を代入します。
$$2＝a\times1$$
$$a＝2$$
よって，$y＝2x$

⑵ 点 $(3,\ 1)$ を通っているから，$y＝ax$ に $x＝3$，$y＝1$ を代入すると，
$$1＝a\times3$$
$$a＝\dfrac{1}{3}$$
よって，$y＝\dfrac{1}{3}x$

⑶ 点 $(2,\ -1)$ を通っているから，$y＝ax$ に $x＝2$，$y＝-1$ を代入します。
$$-1＝a\times2$$
$$a＝-\dfrac{1}{2}$$
よって，$y＝-\dfrac{1}{2}x$

⑷ 点 $(-1,\ 1)$ を通っているから，$y＝ax$ に $x＝-1$，$y＝1$ を代入します。
$$1＝a\times(-1)$$
$$a＝-1$$
よって，$y＝-x$

※直線が通る原点以外の点であれば，解き方で示している座標でなくてもよいです。たとえば，⑴のグラフでは，点 $(2,\ 4)$ も通っているので，$y＝ax$ に $x＝2$，$y＝4$ を代入して，
$$4＝a\times2$$
$$a＝2$$
よって，$y＝2x$ となります。

3節 反比例　4節 関数の利用

p.33-35　**Step ②**

❶ (1) ⑦80　　　　　　　　⑦48

(2) 式 $y = \dfrac{1200}{x}$　　比例定数 1200

解き方 (1) かかる時間は，

(砂場に入れる砂全体の重さ)÷(毎分入れる砂の重さ)

⑦1200÷15＝80(分)　　⑦1200÷25＝48(分)

(2) x と y の関係が $y = \dfrac{a}{x}$ で表されるとき，y は x に反比例するといい，このときの a が比例定数です。

❷ ⑦, ⑦

解き方 y が x の関数で，変数 x と y の関係が，

$y = \dfrac{a}{x}$ で表されるとき，y は x に反比例しているといえます。

⑦ $\dfrac{x}{6} = \dfrac{1}{6}x$ より，$y = \dfrac{1}{6}x$ となるので比例しています。

❸ (1) (順に) $y = \dfrac{40}{x}$，○，40

(2) (順に) $y = \dfrac{150}{x}$，○，150

(3) (順に) $y = 900 - x$，×

解き方 (1) (底辺)×(高さ)÷2＝(三角形の面積)

$x \times y \div 2 = 20$

$xy = 40$

$y = \dfrac{40}{x}$

(2) (時間)＝(道のり)÷(速さ)

$y = 150 \div x$

$y = \dfrac{150}{x}$

(3) (残りの量)＝(もとの量)−(飲んだ量)です。

❹

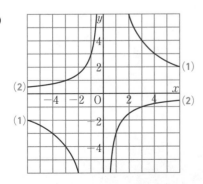

解き方 対応する x，y の値の組を座標とする点をいくつかとり，それらの点を通るなめらかな曲線をかきます。

(1) 点 (2, 6), (3, 4), (4, 3), (6, 2) をとって，$x > 0$ の部分のグラフをかきます。次に，点 (−2, −6), (−3, −4), (−4, −3), (−6, −2) をとって，$x < 0$ の部分のグラフをかきます。

(2) 点 (1, −3), (2, −1.5), (3, −1), (6, −0.5) をとって，$x > 0$ の部分のグラフをかきます。次に，(−1, 3), (−2, 1.5), (−3, 1), (−6, 0.5) をとって，$x < 0$ の部分のグラフをかきます。

❺ (1) ⑦　　　　　　　　(2) ⑦

(3) ⑦　　　　　　　　(4) ⑦

解き方 (1)〜(4)の式に $x = 2$ を代入してみると，y の値はそれぞれ，(1) $y = 1$，(2) $y = -1$，(3) $y = -2$，(4) $y = 2$ となるので，それぞれの値に対応するグラフを選びます。

❻ (1) $y = \dfrac{10}{x}$　　(2) $y = -\dfrac{12}{x}$

解き方 y が x に反比例するから，比例定数を a とすると，$y = \dfrac{a}{x}$ と表されます。

(1) $y = \dfrac{a}{x}$ に $x = 2$，$y = 5$ を代入すると，

$5 = \dfrac{a}{2}$

$a = 10$　だから，$y = \dfrac{10}{x}$

(2) $y = \dfrac{a}{x}$ に $x = -3$，$y = 4$ を代入すると，

$4 = \dfrac{a}{-3}$

$a = -12$　だから，$y = -\dfrac{12}{x}$

❼ (1) $y = -\dfrac{18}{x}$

(2) $\dfrac{1}{2}$ 倍，$\dfrac{1}{3}$ 倍，$\dfrac{1}{4}$ 倍，……になる。

解き方 (1) 反比例だから，比例定数を a とすると，$y = \dfrac{a}{x}$ と表されます。点 P(3, −6) を通るから，この式に $x = 3$，$y = -6$ を代入して，

$-6 = \dfrac{a}{3}$

$a = -18$　だから，$y = -\dfrac{18}{x}$

❽(1) $y=-\dfrac{5}{x}$　　　　(2) $y=\dfrac{6}{x}$

解き方 ともに双曲線が通る点を見つけて，その点の座標をもとにして比例定数を求めます。

(1)グラフより，点 $(1,\ -5)$，$(5,\ -1)$，$(-1,\ 5)$，$(-5,\ 1)$ などを通る双曲線であることがわかります。たとえば，点 $(1,\ -5)$ をもとに比例定数 a を求めると，

$-5=\dfrac{a}{1}$

$a=-5$　だから，$y=-\dfrac{5}{x}$

(2)グラフより，点 $(1,\ 6)$，$(2,\ 3)$，$(3,\ 2)$，$(6,\ 1)$ などを通る双曲線であることがわかります。たとえば，点 $(2,\ 3)$ をもとに比例定数 a を求めると，

$3=\dfrac{a}{2}$

$a=6$　だから，$y=\dfrac{6}{x}$

❾(1) 分速 $60\,\mathrm{m}$　　　(2) $y=60x$
　(3) x の変域 $0\leqq x\leqq20$　y の変域 $0\leqq y\leqq1200$
　(4) $900\,\mathrm{m}$

解き方 (1)グラフより，10分間で $600\,\mathrm{m}$ 進んでいることがわかるので，1分あたりでは，
$600\div10=60(\mathrm{m})$ となります。
(2)(1)で A さんの歩いた速さがわかったので，$y=60x$ となります。
(3)学校から家までの道のりは $1200\,\mathrm{m}$ だから，y の変域は，$0\leqq y\leqq1200$ となります。家に着くまでにかかる時間は 20 分だから，x の変域は，$0\leqq x\leqq20$
(4)$y=60x$ に $x=15$ を代入して，$y=900$

❿(1) $y=5x$
　(2) x の変域 $0\leqq x\leqq10$　y の変域 $0\leqq y\leqq50$
　(3) $7\,\mathrm{cm}$

解き方 (1)(三角形の面積)＝(底辺)×(高さ)÷2
底辺は $\mathrm{BP}=x(\mathrm{cm})$，高さは $\mathrm{AB}=10(\mathrm{cm})$，面積は $y(\mathrm{cm}^2)$ だから，$y=x\times10\div2$ より，$y=5x$
(2)点 P は B から C まで進むから，x の変域は 10 が最大になります。よって，x の変域は，$0\leqq x\leqq10$
三角形 ABP の面積は，$x=10$ のときに最大になるから，$y=5x$ に $x=10$ を代入すると，$y=50$
よって，y の変域は，$0\leqq y\leqq50$
(3)$y=5x$ に $y=35$ を代入して解くと，$x=7$

p.36-37　Step ❸

❶(1)⑦，⑦，⑦，⑦ (2)⑦，⑦ (3)⑦，⑦
　(4)⑦，⑦，⑦

❷(1)式 $y=3x$　比例定数 3
　(2)式 $y=\dfrac{80}{x}$　比例定数 80

❸(1)A$(4,\ 3)$　B$(0,\ 5)$　C$(-3,\ -2)$
(2)
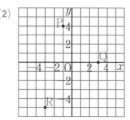

❹(1)⑦ $y=x$　⑦ $y=\dfrac{3}{x}$　⑦ $y=-\dfrac{1}{3}x$
(2)
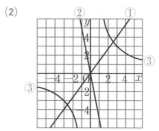

❺(1) $y=-6x$　(2) $y=-\dfrac{18}{x}$　(3) $y=-\dfrac{3}{2}$
　(4) $y=15$

❻(1)⑦ 0　⑦ 65　⑦ 130　⑦ 195
　(2)$y=65x$　(3)$780\,\mathrm{m}$
　(4)xの変域 $0\leqq x\leqq40$　yの変域 $0\leqq y\leqq2600$

解き方
❶(1)(2)y が x に比例する場合は，$y=ax$，y が x に反比例する場合は，$y=\dfrac{a}{x}$ で表されます。
(3)$y=ax$ のグラフは，比例定数が負の数のとき，原点を通る右下がりの直線になります。
(4)x の値が負の数のとき，右下がりの直線または曲線になるグラフを考えます。
❷(1)三角形の面積は，(底辺)×(高さ)÷2 で求められるので，
$y=6\times x\div2$
$y=3x$
(2)時間は，(道のり)÷(速さ)で求められるので，
$y=\dfrac{80}{x}$

❸ (1) 各点から x 軸, y 軸に垂直な直線をひきます。x 軸と交わったところが x 座標, y 軸と交わったところが y 座標です。

(2) 原点 O から x 座標の分と, y 座標の分だけそれぞれ進んだ点をとります。

❹ (1) ⑦点 $(1, 1)$ を通るから, $y=ax$ に $x=1$, $y=1$ を代入すると, $1=a×1$ より, $a=1$

よって, $y=x$

⑦点 $(1, 3)$ を通るから, $y=\dfrac{a}{x}$ に $x=1$, $y=3$ を代入して,

$$3=\dfrac{a}{1}$$
$$a=3$$

よって, $y=\dfrac{3}{x}$

⑦点 $(3, -1)$ を通るから, $y=ax$ に $x=3$, $y=-1$ を代入して,

$$-1=a×3$$
$$a=-\dfrac{1}{3}$$

よって, $y=-\dfrac{1}{3}x$

(2) ① $y=\dfrac{4}{3}x$ は, 原点以外に点 $(3, 4)$ や点 $(6, 8)$, 点 $(-3, -4)$ などを通ります。

よって, 原点とそれらを通る直線をかきます。

② $y=-5x$ は, 原点以外に点 $(1, -5)$ や点 $(-1, 5)$ などを通ります。

よって, 原点とそれらを通る直線をかきます。

③ $y=\dfrac{9}{x}$ は, 点 $(2, 4.5)$, $(3, 3)$, $(6, 1.5)$ を

とって, $x>0$ の部分のなめらかな曲線をかきます。次に, $(-2, -4.5)$, $(-3, -3)$, $(-6, -1.5)$ をとって, $x<0$ の部分のなめらかな曲線をかきます。

❺ (1) y が x に比例するので, $y=ax$ に $x=4$, $y=-24$ を代入すると,

$$-24=4a$$
$$a=-6$$

よって, $y=-6x$

(2) y が x に反比例するので, $y=\dfrac{a}{x}$ に $x=3$, $y=-6$ を代入すると,

$$-6=\dfrac{a}{3}$$
$$a=-18$$

よって, $y=-\dfrac{18}{x}$

(3) $y=ax$ に $x=4$, $y=2$ を代入すると,

$$2=4a$$
$$a=\dfrac{1}{2}$$

よって, $y=\dfrac{1}{2}x$

$y=\dfrac{1}{2}x$ に $x=-3$ を代入して,

$$y=\dfrac{1}{2}×(-3)=-\dfrac{3}{2}$$

(4) $y=\dfrac{a}{x}$ に $x=6$, $y=5$ を代入すると,

$$5=\dfrac{a}{6}$$
$$a=30$$

よって, $y=\dfrac{30}{x}$

$y=\dfrac{30}{x}$ に $x=2$ を代入して,

$$y=\dfrac{30}{2}=15$$

❻ (2) (道のり)=(速さ)×(時間)なので, $y=65x$ と表すことができます。

(3) (2)で求めた式に, $x=12$ を代入すると,

$$y=65×12$$
$$=780(m)$$

(4) $2.6\,km=2600\,m$ より, y の変域は,

$$0≦y≦2600$$

公園に着くまでにかかる時間は,

$$2600÷65=40(分)$$

よって, x の変域は,

$$0≦x≦40$$

5章 平面の図形

1節 平面図形とその調べ方

p.39　**Step ❷**

❶(1) 交わらない　　　　(2) 交わる

解き方 (1) 線分には両端があり，直線は両方向に限りなく延びたまっすぐな線です。

(2) 半直線 DC なので，C の方に延ばします。

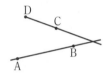

❷ ∠a∠BAC　　　　　∠b∠ABC
　　∠c∠ACD　　　　　∠d∠ADC

解き方 ∠a＝∠CAB，∠b＝∠CBA，∠ABD，∠DBA，∠c＝∠DCA，∠d＝∠CDA，∠ADB，∠BDA としてもよいです。1点からひいた2つの半直線のつくる図形が角です。下の図の ∠f は ∠EFG，∠GFE，または ∠F と表します。

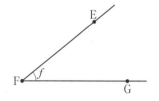

❸(1) 直線 n　　　　　　(2) 90°
　　(3) 弦 AC　　　　　　(4) 2cm

解き方 (1) 円と直線とが1点で交わるとき，その直線を円の接線といいます。円 O と1点で交わっているのは，直線 n です。

(2) 円の接線は，その接点を通る半径に垂直なので，∠ACD は 90° です。

(3) 弦 AC は点 O を通っているので，円 O の直径です。直径は，長さが最も長い弦なので，弦 AC は弦 BC よりも長くなります。

(4) 次の図1のように，ある点から直線に垂線をひいたとき，その垂線の長さを「点と直線との距離」といいます。

図1

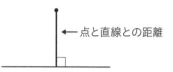

　　　　　← 点と直線との距離

点 O と直線 n との距離は，点 O から直線 n にひいた垂線の長さです。直線 n は円 O の接線であることから，その垂線は円 O の半径 OC に等しいことがわかります。

円 O の直径は 4cm だから，半径は 2cm。

よって，点 O と直線 n との距離は 2cm です。

※平行線 ℓ，m 間の距離

次の図2のように，2直線 ℓ，m が平行であるとき，ℓ 上のどこに点をとっても，その点と直線 m との距離は一定です。

この一定の距離を「平行線 ℓ，m 間の距離」といいます。

図2

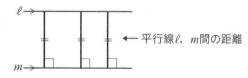

　　　　　← 平行線 ℓ，m 間の距離

❹ 中心角 144°　　　　　面積 $10\pi\,\mathrm{cm}^2$

解き方 おうぎ形の中心角を $x°$ とすると，弧の長さが $4\pi\,\mathrm{cm}$ だから，

$$2\pi \times 5 \times \frac{x}{360} = 4\pi$$
$$x = 144$$

おうぎ形の面積は，

$$\pi \times 5^2 \times \frac{144}{360} = 10\pi \ (\mathrm{cm}^2)$$

別解 中心角 $x°$ は，半径 5cm の円周の長さが $10\pi\,\mathrm{cm}$ であることから，

$$x = 360 \times \frac{4\pi}{10\pi}$$
$$x = 144$$

と，求めてもよいです。

2節 図形と作図

p.41 **Step ②**

❶

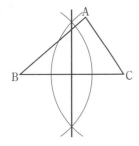

解き方 定規とコンパスだけを使って，作図します。
作図のときにかいた線は消さないようにしましょう。
垂直二等分線のかき方にしたがって，作図をしていきます。
作図例の手順

① 点 B を中心として，適当な半径の円をかきます。

② 点 C を中心として，①と等しい半径の円をかき，①との交点を P，Q とします。

③ 直線 PQ をひきます。

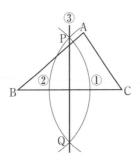

❷

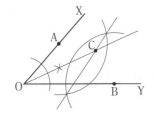

解き方 まず，OX，OY から等しい距離にある点の集まりである，直線 ℓ をひきます。この直線 ℓ は，∠XOY の二等分線です。

次に，点 A，B から等しい距離にある点の集まりである，直線 m をひきます。この直線 m は，線分 AB の垂直二等分線です。

直線 ℓ と直線 m の交点が，辺 OX，OY から距離が等しく，点 A，B からも距離が等しい点になります。

作図例の手順

① 点 O を中心とする円をかき，辺 OX，OY との交点をそれぞれ P，Q とします。

② 点 P，Q をそれぞれ中心とし，半径が等しい円を交わるようにかき，その交点を R とします。

③ 半直線 OR をひいて，この直線を ℓ とします。

④ 点 A を中心として，適当な大きさの半径の円をかきます。

⑤ 点 B を中心として，④と等しい半径の円をかき，それらの交点をそれぞれ S，T とします。

⑥ 直線 ST をひき，この直線を m とします。

⑦ 直線 ℓ と直線 m の交点 C をとります。

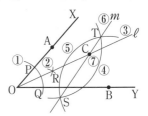

❸

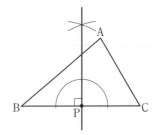

解き方 直線上にある点を通る垂線をかくときは，角の二等分線の作図の考え方を使います。辺 BC を，辺 BP と辺 CP でできた 180°の角と考えます。

作図例の手順

① 点 P を中心とする円をかき，線分 BP，CP との交点をそれぞれ Q，R とします。

② 点 Q，R をそれぞれ中心とし，半径が等しい円を交わるようにかき，その交点を S とします。

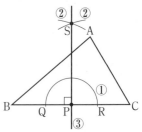

③ 直線 PS をひきます。

この直線 PS は 180°の角(∠BPC)を二等分しているので，辺 BC の垂線になっています。

❹

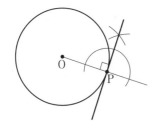

解き方 点 P を通る円 O の接線は，円 O の半径である線分 OP の垂線になるので，点 P を通る，直線 OP の垂線をかきます。

作図例の手順

① 半直線 OP をひきます。

② 点 P を中心とする円をかき，半直線 OP との交点をそれぞれ Q，R とします。

③ 点 Q，R をそれぞれ中心とし，半径が等しい円を交わるようにかき，その交点を S とします。

④ 直線 PS をひきます。

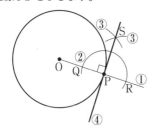

この直線 PS は，円 O の円周上の点 P を通り，直線 OP の垂線になっているので，円 O の接線です。

 ❺

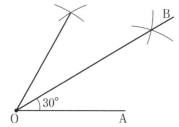

解き方 正三角形の 1 つの角は 60° であることから，30° の角の作図を考えます。

まず，正三角形を作図します。

正三角形の作図例の手順

① O，A を中心として，線分 OA の長さを半径とする円をそれぞれかき，交点の 1 つを P とする。

② O と P を結ぶ。

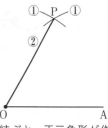

この作図で，∠POA＝60°が作図できました。A と P を結ぶと，正三角形が作図できます。

30°の角の作図例の手順

① A，P を中心として，同じ半径の円をそれぞれかき，交点の 1 つを B とする。

② 半直線 OB をひく。正三角形の 1 つの角は 60° であるから，

∠POB＝∠AOB＝30°

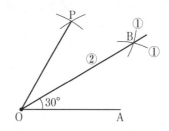

別解 30°＝90°－60°と考えます。

O を通る線分 OA の垂線 OQ を作図し，正三角形 OBQ をつくると，∠AOB＝30°をつくることができます。

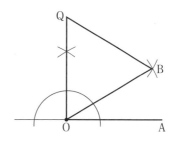

3節 図形の移動

p.43　Step ❷

❶(1)図形ウ　対称軸は線分 AE,
　　図形エ　対称軸は線分 CG
　(2)図形イ，図形カ

解き方 (1)直線を軸として，裏返した図形を探します。

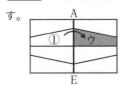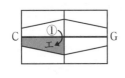

(2)対称軸を線分 CG とした場合，線分 AE とした場合の 2 通りの対称移動があります。

平行移動　───→　対称移動

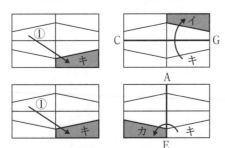

❷

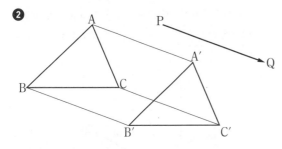

解き方 かき方

① 線分 AA′ が線分 PQ と平行で，長さが等しくなるような点 A′ をとります。

② 点 B′，点 C′ も ① と同様にとります。

③ 点 A′，B′，C′ を結んで，△A′B′C′ をかきます。

△ABC と △A′B′C′ の対応する辺が，それぞれ平行になっています。

　辺 AB∥辺 A′B′，辺 BC∥辺 B′C′，辺 CA∥辺 C′A′
になっていることを確認しましょう。

❸

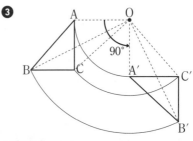

解き方 かき方

① 線分 AO と線分 A′O の長さが等しく，AO から反時計回りの ∠AOA′ が 90° になるように，点 A′ をとります。

②① と同様に，BO＝B′O，∠BOB′＝90° になるように，点 B′ をとります。

③① と同様に，CO＝C′O，∠COC′＝90° になるように，点 C′ をとります。

④ 点 A′，B′，C′ を結んで，△A′B′C′ をかきます。

❹

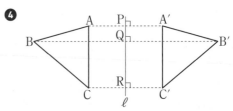

解き方 かき方

① 点 A から直線 ℓ に垂直な線をひき，ℓ との交点を P とします。

② 直線 AP 上に，AP＝A′P となるような点 A′ をとります。

③①と同様に，点 B に対して点 Q，点 C に対して点 R をとります。

④②と同様に，BQ＝B′Q となるような点 B′，CR＝C′R となるような点 C′ をとります。

⑤ 点 A′，B′，C′ を結んで，△A′B′C′ をかきます。

直線 ℓ は線分 AA′，BB′，CC′ とそれぞれ垂直になっています。

　$ℓ⊥AA′$，$ℓ⊥BB′$，$ℓ⊥CC′$

p.44-45 **Step ❸**

❶(1) 半直線 (2) 弦 (3) $\ell \perp m$ (4) 接線 (5) 中点

❷(1) ∠BDO (2) ∠AOB (3) ∠DBO (4) ∠BAO
　(5) ∠ABC

❸(1) 弧の長さ 6πcm　面積 15πcm²
　(2) 中心角 210°　面積 84πcm²

❹ 図形オ

❺(1)
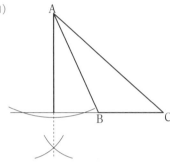

(2)
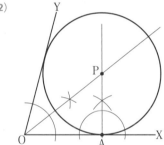

解き方

❶ 簡単な図をかいてみましょう。
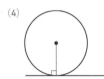

❷ 答えはそれぞれ，以下のようにも表せます。
(1) ∠ODB，∠ADO，∠ODA
(2) ∠BOA，∠AOC，∠COA
(3) ∠OBD
(4) ∠OAB，∠DAO，∠OAD
(5) ∠CBA

❸(1) 弧の長さは，$2\pi \times 5 \times \dfrac{216}{360} = 6\pi$ (cm)

面積は，$\pi \times 5^2 \times \dfrac{216}{360} = 15\pi$ (cm²)

(2) おうぎ形の中心角をx°とすると，弧の長さが
14π cm だから，

$2\pi \times 12 \times \dfrac{x}{360} = 14\pi$

$x = 210$

おうぎ形の面積は，

$\pi \times 12^2 \times \dfrac{210}{360} = 84\pi$ (cm²)

❹ ① で，図形アは図形ウの位置に平行移動します。
② で，図形ウから図形カに回転移動します。
③ で，図形カから図形オに対称移動します。

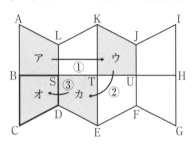

❺(1) 点 A を通る直線 BC の垂線をかきます。
作図例の手順
① 辺 BC から，点 B の方向に直線をのばします。
② 点 A を中心として，直線 BC と交わる円をかき，
交点をそれぞれ P，Q とします。
③ 点 P，Q をそれぞれ中心として，等しい半径の
円をかき，その交点を R とします。
④ 直線 AR をひき，
直線 BC との交点を
S としたときの線分
AS が △ABC
の高さになり
ます。

(2) まず，下の図の ①〜③ の手順で，∠XOY の二
等分線をひきます。
次に，下の図の ④〜⑥ の手順で点 A を通る OX
の垂線をひきま
す。これら 2 直
線の交点を P と
します。この点
P を中心として，
点 A を通る円を
かきます。
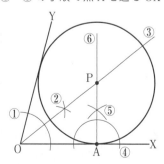

6 章 空間の図形

1 節 空間にある立体　　2 節 空間にある図形

3 節 立体のいろいろな見方

p.47-48　Step 2

❶ (1) 六面体　　　　　　(2) 七面体

解き方 (1) 正四角柱は右の図のように
面の数が 6 つの多面体なので，六面体
です。

(2) 六角錐は右の図のように面の数が 7
つの多面体なので，七面体です。

❷ (1) 直線 AD，直線 AE，直線 BC，直線 BF

(2) 平面 DHGC，平面 EFGH

(3) 平面 AEHD，平面 BFGC

(4) 直線 DH，直線 CG，直線 EH，直線 FG

(5) 平面 BFGC，平面 AEHD，平面 DHGC

解き方 (1) 交点が，点 A，B だから，点 A または点
B を通る直線になります。

(2) 直線 AB とは交わらない面
です。

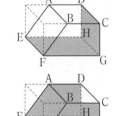

(3) 平面に交わる直線は，そ
の交点を通る平面上の 2 直線
に垂直ならば，その平面に垂
直です。

・直線 AB ⊥ 直線 AD，直線 AB ⊥ 直線 AE だから，
直線 AB ⊥ 平面 AEHD

・直線 AB ⊥ 直線 BC，直線 AB ⊥ 直線 BF だから，
直線 AB ⊥ 平面 BFGC

(4) 直線 AB と同じ平面上にな
い直線です。

(5) 平面 AEFB は平面 ABCD
に垂直ではないので注意しま
しょう。

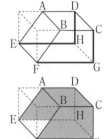

❸ (1) 平行　　　　　　(2) 垂直

(3) (例) 辺 AG　何を表すか 高さ

解き方 空間にある 2 つの平面の位置関係は，次の
㋐のように交わる場合と，㋑のように平行になる場
合のどちらかになります。

㋐交わる　　　　　　　　　㋑平行

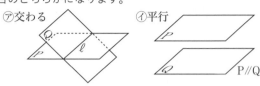

(1) 平面 ABCDEF と平面 GHIJKL は交わらない平面
だから，平行です。

(3) 辺 AG，辺 BH，辺 CI，辺 DJ，辺 EK，辺 FL の長
さを，平行な 2 平面 ABCDEF と GHIJKL の距離とい
います。この辺の長さは，六角柱の高さにあたります。

❹ (1) ㋑　　　　　　(2) ㋒　　　　　　(3) ㋐

解き方 直線 ℓ を軸として，長方形を 1 回転させる
と円柱に，直角三角形を 1 回転させると円錐になり
ます。

❺ (右の図)

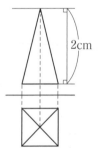

解き方 投影図の上部には，立体
を正面から見たときの図(立面図)，
下部には，立体を真上から見たと
きの図(平面図)を示します。

❻ 円柱

解き方 円柱は，正面から見ると長方形に，真上か
ら見ると円に見えます。

❼ (右の図)

解き方 まず，どの面
を基準にするかを考え
ます。正三角錐なので，
底面は 1 辺 1cm の正三
角形，側面は底辺 1cm，
残りの 2 辺が 1.5cm の二等辺三角形をかきます。

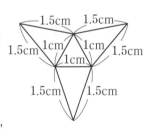

❽ 4π cm

解き方 円錐の展開図で，側面のおうぎ形の弧の長
さは，底面の円周の長さと同じになります。

(円周の長さ) = (直径) × π　だから，4π cm

4節 立体の表面積と体積

5節 図形の性質の利用

p.50-51 **Step 2**

❶ (1) 360cm² (2) 440cm²

解き方 (1)角柱の表面積は，2×(底面積)＋(側面積)
で求められます。この三角柱の場合，

底面積は，$\frac{1}{2} \times 5 \times 12 = 30\,(\text{cm}^2)$

側面積は，$10 \times (5 + 12 + 13) = 300\,(\text{cm}^2)$

よって，表面積は，$2 \times 30 + 300 = 360\,(\text{cm}^2)$

(2)角錐の表面積は，(底面積)＋(側面積)で求められ
ます。この正四角錐の場合は，

底面積は，$10 \times 10 = 100\,(\text{cm}^2)$

側面積は，$\frac{1}{2} \times 10 \times 17 \times 4 = 340\,(\text{cm}^2)$

よって，表面積は，$100 + 340 = 440\,(\text{cm}^2)$

❷ (1) 弧の長さ 6πcm 中心角 90°

(2) 側面積 36πcm² 表面積 45πcm²

解き方 (1)円錐の場合，側面のおうぎ形の弧の長さ
と底面の円の円周の長さが等しいから，

弧の長さは，$2 \times \pi \times 3 = 6\pi\,(\text{cm})$

また，側面のおうぎ形の半径と同じ半径の円の円周
の長さは $2 \times \pi \times 12 = 24\pi\,(\text{cm})$ だから，中心角は，

$360° \times \frac{6\pi}{24\pi} = 90°$

(2)側面積は，$\pi \times 12^2 \times \frac{90}{360} = 36\pi\,(\text{cm}^2)$

よって，表面積は，$\pi \times 3^2 + 36\pi = 45\pi\,(\text{cm}^2)$

❸ (1) 32cm³ (2) 15πcm³

解き方 (角錐，円錐の体積)＝(底面積)×(高さ)×$\frac{1}{3}$
で求めます。

(1)正四角錐の底面は正方形です。

よって，体積は，$4 \times 4 \times 6 \times \frac{1}{3} = 32\,(\text{cm}^3)$

(2)円錐の体積は，$\pi \times 3^2 \times 5 \times \frac{1}{3} = 15\pi\,(\text{cm}^3)$

❹ (1) 200πcm² (2) 320πcm³

解き方 回転させてできる立体は，
底面の半径が 8cm，母線が 17cm，
高さが 15cm の円錐になります。

(1)底面積は，$\pi \times 8^2 = 64\pi\,(\text{cm}^2)$

側面積は，$\pi \times 17^2 \times \frac{2 \times \pi \times 8}{2 \times \pi \times 17} = 136\pi\,(\text{cm}^2)$

よって，表面積は，$64\pi + 136\pi = 200\pi\,(\text{cm}^2)$

(2)(円錐の体積)＝(底面積)×(高さ)×$\frac{1}{3}$であるから，

$64\pi \times 15 \times \frac{1}{3} = 320\pi\,(\text{cm}^3)$

❺ (1) 表面積 64πcm² 体積 $\frac{256}{3}\pi$cm³

(2) 表面積 108πcm² 体積 144πcm³

解き方 (1)直径が 8cm なので，この球の半径は，
4cm であることがわかります。

球の表面積 S は，半径を r とすると，$S = 4\pi r^2$ で求
められるから，

$4 \times \pi \times 4^2 = 64\pi\,(\text{cm}^2)$

球の体積 V は，半径を r とすると，$V = \frac{4}{3}\pi r^3$ で求
められるから，

$\frac{4}{3} \times \pi \times 4^3 = \frac{256}{3}\pi\,(\text{cm}^3)$

(2)半球は球の半分です。表面積を求めるときには，
球の表面積の半分に，切り口の円の面積を加えるの
を忘れないようにします。つまり，半球の表面積は，
(球の表面積)×$\frac{1}{2}$＋(切り口の円の面積)で求められ
るから，

$4 \times \pi \times 6^2 \times \frac{1}{2} + \pi \times 6^2 = 72\pi + 36\pi = 108\pi\,(\text{cm}^2)$

半球の体積は，球の体積を半分にして求められるから，

$\frac{4}{3} \times \pi \times 6^3 \times \frac{1}{2} = 144\pi\,(\text{cm}^3)$

❻

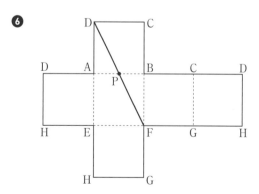

解き方 上の展開図で，点 D から点 F を結ぶ線は何
通りか考えられますが，今回は辺 AB 上の点を通る
という条件があるので，上に示したような線分をか
きます。辺 AB との交点が点 P となります。

❶ (1) ㋐，㋒　(2) ㋑　(3) ㋒，㋓　(4) ㋕

❷ (1) 三角柱　(2) 円錐　(3) 球

❸ (1) 平面 DHGC，平面 EFGH

　(2) 直線 AE，直線 DH，直線 EF，直線 HG

　(3) 平面 ABCD，平面 AEFB，平面 DHGC，
平面 EFGH

❹ $132\pi\,\mathrm{cm}^2$

❺ (1) $80\pi\,\mathrm{cm}^2$　(2) $288\,\mathrm{cm}^3$

❻ (1) 表面積 $324\pi\,\mathrm{cm}^2$　体積 $972\pi\,\mathrm{cm}^3$

　(2) 表面積 $60\pi\,\mathrm{cm}^2$　体積 $64\pi\,\mathrm{cm}^3$

❼ 水の量 $144\,\mathrm{cm}^3$　x の値 2

解き方

❶ (1) 合同とは，ぴったり重ね合わせることのできる
2 つの図形のことをいいます。

　(4) どの方向から見ても同じ形の立体は球です。

❷ 上にかかれているのが，立体を正面から見た立面
図，下にかかれているのが，立体を真上から見た
平面図です。球は正面から見ても，真上から見て
も円です。

❸ (2) 直線 BC と同じ平面上になく，平行でもない直
線です。

　(3) 平面 AEHD に対し，垂直な直線をふくむ平面
を探します。

❹ 円錐の展開図は，右の図の
ようになります。
底面積は，
$\pi\times 6^2=36\pi\,(\mathrm{cm}^2)$

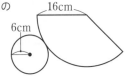

側面積は，$\pi\times 16^2\times\dfrac{2\times\pi\times 6}{2\times\pi\times 16}=96\pi\,(\mathrm{cm}^2)$

よって，表面積は，$36\pi+96\pi=132\pi\,(\mathrm{cm}^2)$

❺ (1) 円柱の表面積は，$2\times($底面積$)+($側面積$)$ で求
めます。側面積は，(円柱の高さ)×(底面の円周
の長さ)で求めます。これより，表面積は，
$2\times\pi\times 4^2+6\times 2\pi\times 4=80\pi\,(\mathrm{cm}^2)$

　(2) (角錐の体積)＝(底面積)×(高さ)×$\dfrac{1}{3}$ で求め
ます。この三角錐は，底面が，底辺 12cm，高さ
12cm の三角形で，高さが 12cm なので，
$\dfrac{1}{2}\times 12\times 12\times 12\times\dfrac{1}{3}=288\,(\mathrm{cm}^3)$

❻ (1) この回転体は半径 9cm の球になります。球の
表面積 S は，半径を r とすると，$S=4\pi r^2$ で求め
られるから，$4\times\pi\times 9^2=324\pi\,(\mathrm{cm}^2)$

球の体積 V は，半径を r とすると，$V=\dfrac{4}{3}\pi r^3$ で
求められるから，

$\dfrac{4}{3}\times\pi\times 9^3=972\pi\,(\mathrm{cm}^3)$

　(2) この回転体は，円錐と円柱を組み合わせたもの
になるので，下の図のようなの 2 つの立体に分け
て考えるとわかりやすくなります。

この回転体の表面積は，次の
3 つの部分の和になります。

1. 円錐部分の側面積
2. 円柱部分の側面積
3. 円柱部分の底面積(1 つ分)

円錐部分の側面積は，
$\pi\times 5^2\times\dfrac{2\times\pi\times 4}{2\times\pi\times 5}=20\pi\,(\mathrm{cm}^2)$

円柱部分の側面積は，
$3\times 2\pi\times 4=24\pi\,(\mathrm{cm}^2)$

円柱部分の底面積は，
$\pi\times 4^2=16\pi\,(\mathrm{cm}^2)$

よって，表面積は，
$20\pi+24\pi+16\pi=60\pi\,(\mathrm{cm}^2)$

体積は，円錐部分と円柱部分の体積の和です。

円錐部分の体積は，
$\dfrac{1}{3}\times\pi\times 4^2\times 3=16\pi\,(\mathrm{cm}^3)$

円柱部分の体積は，
$\pi\times 4^2\times 3=48\pi\,(\mathrm{cm}^3)$

よって，求める体積は，

$16\pi+48\pi=64\pi\,(\mathrm{cm}^3)$

❼ ㋑から水の量(体積)が求められます。この水の部
分は，底面が底辺 9cm，高さ 8cm の三角形で，
高さ 12cm の三角錐なので，
$\dfrac{1}{2}\times 9\times 8\times 12\times\dfrac{1}{3}=144\,(\mathrm{cm}^3)$

㋐の水の部分は，底面が縦 8cm，横 9cm の長方
形で，高さ $x$cm の直方体です。㋐と㋑の水の量
は同じだから，

$8\times 9\times x=144$

$\qquad 72x=144$

$\qquad\quad x=2$

7章 データの分析

1節 データの分析　　2節 データにもとづく確率

3節 データの利用

p.55　　**Step ❷**

❶(1) 47 点　　　(2)(下の表)　　(3) 15 点

得点(点)	度数(人)
以上　　未満 40 〜 55	(1)
55 〜 70	(3)
70 〜 85	(3)
85 〜 100	3
計	(10)

解き方 (1)(範囲)＝(最大値)−(最小値)より，データの最大値は 95 点，最小値は 48 点であるから，

95−48＝47(点)

よって，範囲は 47 点です。

(3) 55−40＝15(点)より，それぞれの区間の幅は 15 点になっています。

❷(1)

通勤時間 (分)	度数 (人)	累積度 数(人)	相対 度数	累積相 対度数
以上　　未満 0 〜 20	2	2	0.05	0.05
20 〜 40	6	(8)	(0.15)	0.20
40 〜 60	16	(24)	0.40	(0.60)
60 〜 80	10	(34)	0.25	(0.85)
80 〜 100	6	40	(0.15)	1.00
計	40		1	

(2) 約56分

(3)

解き方 (1) 累積度数は，最小の階級から各階級までの度数の総和です。

$(相対度数)＝\dfrac{(階級の度数)}{(度数の合計)}$ で求めます。

20分以上40分未満の階級の度数は 6 人だから，

$\dfrac{6}{40}＝0.15$

累積相対度数は，最小の階級から各階級までの相対度数の総和です。

最小の階級から，40 分以上 60 分未満の階級までの相対度数を加えていくと，

0.05＋0.15＋0.40＝0.60

(2) およその平均値は，

{(各階級の階級値 ×度数)の合計}÷(全体の度数)

で計算します。

{(10×2)＋(30×6)＋(50×16)＋(70×10)＋(90×6)}÷40

＝2240÷40＝56(分)

(3) それぞれの階級の度数に注意してグラフをかきます。

❸(1)(右の表)

(2) 0.17

投げた 回数 (回)	1 の目が 出た回数 (回)	相対度数
100	19	(0.19)
200	34	(0.17)
500	84	(0.17)
1000	169	(0.17)

解き方 (1) (1 の目が出た相対度数)

$＝\dfrac{(1 の目が出た回数)}{(投げた回数)}$

であるから，

19÷100＝0.19　　　→ 0.19

34÷200＝0.17　　　→ 0.17

84÷500＝0.168　　→ 0.17

169÷1000＝0.169 → 0.17

(2) さいころを投げる回数を多くすると，しだいに一定の値に近づくと考えられるので，投げた回数のいちばん多い場合の相対度数を確率と考えます。

p.56 **Step ③**

❶ (1) 2組 60分以上 90分未満
　　　1年全体 30分以上 60分未満

(2) 2組 75分　1年全体 45分

(3) 2組 約73.5分　1年全体 約63.75分

(4)
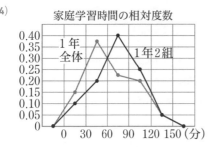
家庭学習時間の相対度数

(5) 2組のほうが，1年全体に比べて，家庭学習
時間が長いといえる。

❷ (1) ㋐0.43　㋑0.41　㋒0.42

(2) 裏が出る確率

解き方

❶ (1) 家庭学習時間を長さの順に並べたとき，2組は
20番目と21番目，1年全体は60番目と61番目
がどの階級にふくまれるかを見ます。

(2) 2組と1年全体でそれぞれ，最大の度数をもつ
階級の階級値を求めます。
2組で最大の度数は16であるから，その階級値
75分が最頻値です。1年全体で最大の度数は45
であるから，その階級値45分が最頻値です。

(3) およその平均値は，
{(各階級の階級値 ×度数)の合計}÷(全体の度数)
で計算します。
2組
$\{(15\times4)+(45\times8)+(75\times16)+(105\times10)$
$+(135\times2)\}\div40$
$=2940\div40=73.5$(分)
1年全体
$\{(15\times18)+(45\times45)+(75\times27)+(105\times24)$
$+(135\times6)\}\div120$
$=7650\div120=63.75$(分)

(4) 相対度数を，階級ごとに $\dfrac{(階級の度数)}{(度数の合計)}$ で計算し，
グラフをかきます。

0分以上30分未満	$\dfrac{4}{40}=0.10$
30分以上60分未満	$\dfrac{8}{40}=0.20$
60分以上90分未満	$\dfrac{16}{40}=0.40$
90分以上120分未満	$\dfrac{10}{40}=0.25$
120分以上150分未満	$\dfrac{2}{40}=0.05$

(5) (1)～(3)より，1年2組のほうが中央値，最頻値，
およその平均値が大きいことがわかります。また，
(4)より，2組のほうが家庭学習時間が長い方に分
布が寄っているので，2組の生徒は1年全体に比
べて，家庭学習時間が長いということがわかりま
す。

❷ (1) (表が出た相対度数)$=\dfrac{(表が出た回数)}{(投げた回数)}$
であるから，

㋐ $\dfrac{172}{400}=0.43$

㋑ $\dfrac{330}{800}=0.412\cdots$　→ 0.41

㋒ $\dfrac{500}{1200}=0.416\cdots$　→ 0.42

(2) びんの王冠を投げる回数を多くすると，しだい
に，一定の値に近づくと考えられるので，投げた
回数のいちばん多い場合の相対度数を確率と考え
ます。
(1)より，表が出る確率は0.42と考えられます。
また，1200回投げて裏が出たのは700回なので，
裏が出る確率は$\dfrac{700}{1200}=0.583\cdots$より，0.58と考え
られます。

テスト前 ☑ やることチェック表

① まずはテストの目標をたてよう。頑張ったら達成できそうなちょっと上のレベルを目指そう。
② 次にやることを書こう（「ズバリ英語〇ページ，数学〇ページ」など）。
③ やり終えたら□に✓を入れよう。
　最初に完璧な計画をたてる必要はなく，まずは数日分の計画をつくって，
　その後追加・修正していっても良いね。

目標

	日付	やること1	やること2
2週間前	／	☐	☐
	／	☐	☐
	／	☐	☐
	／	☐	☐
	／	☐	☐
	／	☐	☐
	／	☐	☐
1週間前	／	☐	☐
	／	☐	☐
	／	☐	☐
	／	☐	☐
	／	☐	☐
	／	☐	☐
	／	☐	☐
テスト期間	／	☐	☐
	／	☐	☐
	／	☐	☐
	／	☐	☐
	／	☐	☐

テスト前 ☑ やることチェック表

① まずはテストの目標をたてよう。頑張ったら達成できそうなちょっと上のレベルを目指そう。
② 次にやることを書こう（「ズバリ英語〇ページ，数学〇ページ」など）。
③ やり終えたら□に✔を入れよう。
　最初に完ぺきな計画をたてる必要はなく，まずは数日分の計画をつくって，
　その後追加・修正していっても良いね。

目標

	日付	やること1	やること2
2週間前	／	☐	☐
	／	☐	☐
	／	☐	☐
	／	☐	☐
	／	☐	☐
	／	☐	☐
	／	☐	☐
1週間前	／	☐	☐
	／	☐	☐
	／	☐	☐
	／	☐	☐
	／	☐	☐
	／	☐	☐
	／	☐	☐
テスト期間	／	☐	☐
	／	☐	☐
	／	☐	☐
	／	☐	☐
	／	☐	☐

QRコードのページに登録すると，「ぴたリンク」からも表をダウンロードできるよ